# LE CYCLE TURC DES DOUZE ANIMAUX

PAR

## EDOUARD CHAVANNES.

Extrait du «*T'oung-pao*», Série II, Vol. VII, N°. 1.

LIBRAIRIE ET IMPRIMERIE
CI-DEVANT
E. J. BRILL.
LEIDE — 1906.

# LE CYCLE TURC DES DOUZE ANIMAUX

PAR

**EDOUARD CHAVANNES.**

Extrait du « *T'oung-pao* », Série II, Vol. VII, N⁰. 1.

LIBRAIRIE ET IMPRIMERIE
CI-DEVANT
E. J. BRILL.
LEIDE — 1906.

IMPRIMERIE CI-DEVANT E. J. BRILL, LEIDE.

# LE CYCLE TURC DES DOUZE ANIMAUX

PAR

## EDOUARD CHAVANNES.

————·❧·————

Lorsqu'on demande à un Chinois quand il est né, il répond souvent en désignant l'année par le nom d'un des douze animaux qui sont: le rat, le bœuf, le tigre, le lièvre, le dragon, le serpent, le cheval, la chèvre, le singe, la poule, le chien et le porc. Ce cycle dont l'usage fut, à certaines époques, beaucoup plus étendu, ne sert plus guère maintenant qu'aux faiseurs d'horoscopes; si un Chinois sait sous les auspices de quel animal il est né, c'est parce que cette circonstance est censée avoir une influence mystérieuse sur toute sa vie. Cette série duodénaire n'est pas spéciale à la Chine; il serait d'un grand intérêt, pour l'histoire de la civilisation, de savoir où et quand elle s'est formée, comment et à quelles époques elle s'est transmise de peuple à peuple. Sans prétendre résoudre intégralement ce problème, je me propose du moins de rassembler ici les renseignements que la littérature chinoise peut nous fournir pour l'élucider [1]).

Avant d'aborder l'examen des textes chinois, je crois utile de reproduire à la page ci-après le tableau des noms des douze animaux chez les principaux peuples qui ont fait usage de ce cycle:

---

1) Parmi les travaux où cette question a été déjà examinée, je citerai: Dupuis: *Origine de tous les cultes* (Paris, an III, t. 3, p. 362). — Abel Rémusat: *Recherches sur les langues tartares* (tome I; Paris, 1820; p. 300—302). — Ludwig Ideler: *Ueber die Zeitrechnung von Chatá und Igúr* (Berlin, 1833); — *Ueber die Zeitrechnung der Chinesen* (Berlin, 1839; voyez notamment l'appendice II, p. 78—91, intitulé: *Ueber den Thiercyclus der ostasiatischen Völker*). — J. Klaproth: *Tableaux historiques de l'Asie* (1826; p. 169); — notes à la traduction française de l'article de Ideler *Sur la chronologie de Khatá et d'Igoúr* (*Journ. Asiatique*, Avril 1835, p. 311 et 312). — Mayers: *The Chinese Reader's Manual* (1874; p. 351—352). — Gustave Schlegel: *Uranographie Chinoise* (p. 557—583). — Joseph Halévy: *De l'introduction du christianisme en haute Asie* (*Revue de l'histoire des religions*, t. XXII, 1890, p. 289—301) — Friedrich Hirth: *Nachworte zur Inschrift des Tonjukuk* (1899; p. 117—123). — Franz Boll: *Sphaera* (1903; chap. XII: *Die Dodekaoros, das Marmorfragment des Bianchini und der ostasiatische Tiercyclus*).

| Caractères cycliques | Douze animaux | Chinois | Annamite | Cambodgien [1] | Siamois [2] | Cham [3] | Japonais [4] | Ancien Turc des inscriptions de la Mongolie [5] | Turc, d'après Olug beg [6] | Turc, d'après Al-Bîrûnî [7] | Persan [8] | Mongol [9] | Mandchou [10] | Tibétain [11] |
|---|---|---|---|---|---|---|---|---|---|---|---|---|---|---|
| *tseu* | rat | *chou* | chuột | čŭt | chuot | takuḥ | ne | | kesku | sijkan | musch | khuluguna | singgeri | *pdji* |
| *tch'eou* | bœuf | *nieou* | bo | čhlau | chalu | kăbau | ushi | | oth | od | bakar | uker | ikhan | *k'lang* |
| *yin* | tigre | *hou* | hùm | khàl | khan | ramoń | tora | | pars | pârs | pelenk | bars | tashka | *stak* |
| *mao* | lièvre | *t'ou* | thỏ | thăs | tôḥ | tapai | u | | thuchkan | tafshikhan | charkusch | toolaï | gûlmakhûn | *yoi* |
| *tch'en* | dragon | *long* | rông | rông | marong | nögaray | tatsu | lüi | lui | lû | nehenk | loo | muduri | *brûk* |
| *sseu* | serpent | *chö* | răn | msàñ | maseng | ulaḥ anaiḥ | mi | jilan | jilan | yylan | mar | mokhoï | meikhé | *sbrul* |
| *wou* | cheval | *ma* | ngu'a | momi | marnia | açaiḥ | uma | | jund | yont | esb | morin | morin | *rda* |
| *wei* | chèvre | *yang* | dê | momê | momê | pabaiy | hitsuji | qoĵ | koï | kuy | kusfend | khoïn | khonin | *luk* |
| *chen* | singe | *heou* | khê | vok | wok | krā | saru | bičin | pitchin | pîčin | hamdune | metchin | boniu | *sprè-u* |
| *yeou* | coq | *ki* | gà | rokà | raka | mönuk | tori | | dakuk | taghuk | murg | takiya | tchoko | *tsa lu* |
| *siu* | chien | *k'iuan* | chó | čha | cho | athău | inu | yt | ith | it | seg | nokhaï | indakhûn | *tchy* |
| *haï* | porc | *tchou* | {lo'n<br>heo<br>tru'} | kŏr | kun | pabuĕi | i | aĵɣazyn | thungus | tunguz | chug | khakai | ulghiyan | *p'hak* |

1) Je dois cette liste à M. Finot qui m'indique que, en dehors du cycle, les noms des douze animaux sont en cambodgien les suivants: kandor (rat); kó (boeuf); khlà (tigre); tonsai (lièvre); nŭk (dragon); pŏs (serpent); sèḥ (cheval); popê (chèvre); sva (singe); man (coq); chkè (chien); chruk (porc).

2) M. Finot, qui m'a fourni cette liste, m'indique que les noms vulgaires des animaux (sauf le dragon) sont au Siam les suivants: nu (rat); ngŭa, khŏ (boeuf); su'a (tigre); kŭtay (lièvre); ngu (serpent); ma (cheval); phēḥ (chèvre); lĭng (singe); kai (coq); ma (chien); mu (porc).

3) Cette liste est tirée de l'ouvrage de Cabaton: *Nouvelles recherches sur les Chams*, p. 124.

4) Chamberlain, à qui j'emprunte cette liste (*Things Japanese*, 5ᵉ édit., article *Time*, p. 477), ajoute en note: «*Ne* is short for *nezumi*, the real word for «rat». In like manner, *u* stands for *usagi*, and *mi* for *hebi*. *I* is not an abbreviation of *inoshishi*, the modern popular name for a «boar», but the genuine ancient form of the word».

5) Voyez Thomsen: *Inscriptions de l'Orkhon*, p. 175—176, et Radloff: *Die alttürkischen Inschriften der Mongolei*.

6) Liste tirée d'Oloug beg. — Voyez *Epochae celebriores... ex traditione Ulug Beigi*, éd. Johannes Gravius; Londres, 1650; à la p. 6, on trouve une table des noms des douze animaux (nomina turcica) en corrélation avec les douze caractères cycliques des Chinois (nomina Chataia); — cf. Sédillot: Prolégomènes des Tables astronomiques d'Oloug-beg traduction et commentaire; Paris, 1853; p. 9. — Klaproth (*Journ. asiatique*, Avril 1835, p. 311, n. 5) fait au sujet de cette liste les observations suivantes: «De ces douze noms d'animaux donnés par Oulough begh comme igoûrs ou turcs, quatre se retrouvent encore aujourd'hui dans la langue des Turcs osmanlys ou de Constantinople, savoir: pars, le léopard; yilan, le serpent; yond, la cavale; ith, le chien. Quatre autres, écrits un peu différemment, y sont de même en usage; savoir: thawchan (le lièvre), kouzi (la brebis), thâouk (la poule), dônouz (le porc). — Keskou (le rat) se retrouve en Sibérie dans les dialectes turcs des prétendus Tartares du Tchoulym et de Ienisseisk, sous la forme de kouzké; chez les Kangatses, sous celle de kuzké. — Oth (le boeuf) est représenté en turc oriental ou djagataï par od. — Loui (le dragon) est le nom donné par les Turcs orientaux au dragon des Chinois (loung). Les Turcs de Constantinople, ne connaissant pas cet animal fabuleux, l'ont remplacé dans la série du cycle par le neheng (crocodile) des Persans. Enfin pitchin ou metchin signifie encore singe, en turc oriental. Ce mot me paraît le même que le persan poûzineh ou boûzneh».

7) Cette liste est tirée de l'ouvrage d'Al-Bîrûnî traduit par E. Sachau sous le titre: *The chronology of ancient nations* (p. 83). Le cycle des douze animaux est attribué ici à la notation des mois.

8) D'après Ideler: *Ueber die Zeitrechnung der Chinesen*, p. 87.

9), 10) et 11) D'après Klaproth: *Tableaux historiques de l'Asie*, p. 169, n. 2. — Sur le cycle des douze animaux au Tibet, voyez aussi Waddell, *The Buddhism of Tibet*, p. 450—54.

## I. Textes d'origine chinoise.

Pour réunir les textes chinois relatifs au cycle des douze animaux, notre tâche s'est trouvée facilitée en partie par deux érudits chinois; le premier en date est le célèbre polygraphe *Wang Ying-lin* 王應麟 (1223—1296) qui a consacré à cette question quelques lignes de son *K'ouen hio ki wen* 困學紀聞 (chap. IX, p. 11 v° de la réimpression lithographique de *Chang-hai*, 1889); le second est l'excellent critique *Tchao Yi* 趙翼 (1727—1814) qui a traité de l'ancienneté du cycle des douze animaux dans une dissertation fort savante de son *Kai yu ts'ong k'ao* 陔餘叢考 publié avec une préface de l'année 1790 (chap. XXXIV, p. 8 v° et suiv. de l'édition originale; Bib. nat., Nos 3863, 3864 du Catalogue Courant). Nous allons classer suivant l'ordre chronologique régressif les textes qu'ils nous fournissent, en intercalant entre eux ceux que nous avons pu découvrir nous-même.

Commençant par l'époque des *Ming* 明 (1368—1644), nous relevons dans le *Li hai tsi* [1]) 蠡海集 de *Wang K'ouei* 王逵 un passage où l'auteur essaie d'expliquer la répartition des douze animaux entre les douze caractères cycliques désignant les mois; il dit: «Les douze symboles: *Tseu* est l'apogée du *yin*; il est obscur, caché, ténébreux; on lui associe le **rat**, car le rat se cache. *Wou* est l'apogée du *yang*; il est manifeste, facile, ferme et énergique; on lui associe le **cheval**, car le cheval va vite. *Tch'eou* est le *yin*

---

1) Le *Li hai tsi* est incorporé dans le recueil appelé *Pai hai* 稗海 (Bib. nat., n. f. Chinois, n° 618^A, tome III; le passage que nous citons ici est tiré des pages 29 v° et 30 r°). Dans le *Pai hai*, le *Li hai tsi* est mis sous le nom de *Wang K'ouei*, originaire de *Ts'ien-t'ang*, de l'époque des *Song* 宋錢唐王逵; mais le *Sseu k'ou ts'iuan chou tsong mou* (chap. CXXII, p. 16 v° et suiv.) a bien montré que l'auteur du *Li hai tsi* n'était aucun des trois *Wang K'ouei* qui vécurent à l'époque des *Song*; c'est un quatrième personnage de ce nom qui existait entre les périodes *hong-wou* (1368—1398) et *yong-lo* (1403—1424).

qui s'incline et qui est affectueux; on lui associe le **bœuf**, car la vache lèche le veau. *Wei* est le *yang* qui se redresse, mais en étant respectueux; on lui associe le **mouton** [1]), car l'agneau se met à genoux pour téter. *Yin* est le triple *yang* [2]); quand le *yang* domine, il est cruel; on lui associe le **tigre**, car le naturel du tigre est cruel. *Chen* est le triple *yin*; quand le *yin* domine, il est rusé; on lui associe le **singe**, car le naturel du singe est rusé. *Mao* et *yeou* sont les deux portes du soleil et de la lune; les deux animaux symboliques n'ont tous deux qu'un seul orifice (pour leurs excrétions); quand la femelle du **lièvre** lèche les poils du mâle, elle devient enceinte; elle communique sans copuler; quand le **coq** s'unit à la poule, il la foule aux pieds, mais sans qu'il y ait là de parties génitales; il copule sans communiquer. *Tch'en* et *sseu* sont le *yang* qui s'élève et qui se transforme; le **dragon** en est la forme parfaite; le **serpent** vient ensuite; ainsi le dragon et le serpent sont associés à *tch'en* et à *sseu*; en effet, le dragon et le serpent sont des êtres qui se transforment. *Siu* et *hai* sont le *yin* qui se concentre et qui se conserve; le **chien** en est la forme parfaite; le **porc** vient ensuite; ainsi le chien et le porc sont associés à *siu* et à *hai*; le chien et le porc sont en effet des animaux qui maintiennent la stabilité» [4]). — Il est inutile de s'attarder à réfuter

---

1) Je traduis ici le mot 羊 par «mouton» parce que je crois que *Wang K'ouei* avait ce sens en vue; mais il est certain que, dans le cycle, l'animal désigné par le mot 羊 était primitivement une chèvre; c'est une chèvre qui est représentée sur les miroirs de l'époque des *T'ang* (voyez les planches à la fin du présent article), et le terme *momé* employé au Siam et au Cambodge signifie «chèvre».

2) Les trois *yang* sont les trois lignes continues du trigramme *k'ien* 乾 qui correspond au ciel; les trois *yin* sont les trois lignes brisées du trigramme *k'ouen* 坤 qui correspond à la terre.

3) *Mao* est le signe de l'Est; *yeou* est le signe de l'Ouest.

4) *Li hai tsi*, p. 29 v°—30 r°: 十二肖屬。于爲陰極。幽潛隱晦。以鼠配之。鼠藏迹。午爲陽極。顯易

cette théorie; il est évident que les principes *yin* et *yang* n'ont eu aucune influence sur la manière dont la concordance s'est établie entre les douze animaux et le cycle duodénaire des Chinois.

C'est également à l'époque des *Ming* que vivait un certain *Hou Yen* 胡儼, auteur d'une poésie où chaque vers contient le nom d'un des douze animaux [1]):

Première strophe [2]).

Quand le **rat** de l'espèce *hi* boit (l'eau du) Fleuve, le Fleuve n'est
    pas mis à sec.

Le **Bouvier** [3]) et la Tisserande pendant toute l'année ont peine à
    se voir.

Les mains vides, dans les montagnes du Sud attacher un **tigre** féroce.

Pour prendre le **lièvre** qui est dans la lune [4]), le ciel est trop **vaste**.

---

剛健。以馬配之。馬快行。丑爲陰俯而慈。以
牛配之。牛舐犢。未爲陽仰而秉禮。以羊配
之。羊跪乳。寅爲三陽。陽勝則暴。以虎配之。
虎性暴。申爲三陰。陰勝則黠。以猴配之。猴
性黠。卯酉爲日月二門。二肖皆一竅。兎舐
雄毛則孕。感而不交也。雞合蹈而無形。交
而不感也。辰巳陽起而變化。龍爲盛。蛇次
之。故龍蛇配辰巳。龍蛇者變化之物也。戌
亥陰歛而持守。狗爲盛。猪次之。故狗猪配
戌亥。狗猪者鎮靜之物也。

1) Cette poésie se compose de 3 strophes; dans chaque strophe, le premier, le second et le quatrième vers riment ensemble.

2) La première strophe exprime l'idée de chose impossible à faire.

3) Le Bouvier 牽牛 est ici désigné par le seul mot 牛, ce qui permet de faire figurer l'animal «bœuf» dans ce vers. Sur la légende du Bouvier et de la Tisserande qui ne peuvent se rencontrer que dans la nuit du 7 de la 7e lune. Voyez Mayers, *Chinese Reader's Manual*, n° 311.

4) Cf. Mayers, *ibid.*, n° 724.

## Seconde strophe [1].

Quand le **dragon** *li* a sa perle, il ne dort plus jamais.

A un **serpent** qu'on a dessiné ajouter des pieds, c'est une **surcharge** [2].

Un vieux **cheval**, comment aurait-il encore des cornes qui lui poussent.

Le **bouc** qui a embarrassé ses cornes dans la haie [3] s'irrite **vainement** contre l'obstacle.

## Troisième strophe.

Que personne ne se moque des gens de *Tch'ou* en disant qu'ils sont comme un **singe** coiffé du bonnet viril [4].

L'invocateur des **coqs** a vieilli inutilement dans la montagne boisée [5].

(Le marquis de) *Wou-yang* [6]) était un boucher de **chiens** sur la place du marché à *P'ei*.

(Le marquis de) *P'ing-tsin* [7]) gardait des **porcs** à l'extrémité orientale près de la mer [8].

---

1) Cette strophe exprime l'idée de chose embarrassante.

2) Allusion à une anecdote qui est racontée dans le *Tchan kouo ts'ö* (section de *Ts'i*) et qui a été reproduite par *Sseu-ma Ts'ien* (trad. fr., t. IV, p. 387).

3) Phrase tirée du *Yi king* (hexagramme 34; trad. Legge, SBE, vol. XVI, p. 130).

4) Allusion à un sarcasme qui fut dirigé contre *Hiang Yu*, roi de *Tch'ou* (cf. *Sseu-ma Ts'ien*, trad. fr., t. II, p. 283).

5) Le *Lie sien tchouan*, cité dans le *P'ei wen yun fou* (à l'expression 祝 雞), dit: «L'invocateur des coqs était originaire de *Lo* 雒 (*Ho-nan fou*); il demeurait au pied des montagnes qui sont au Nord de *Che* 尸 ; il éleva des poulets pendant plus de cent ans; ses poulets, au nombre de plus de mille, avaient tous un nom particulier; la nuit, il les faisait percher sur les arbres; le jour il les lâchait dans toutes les directions et quand il les appelait par leur nom, ceux qui étaient ainsi désignés venaient à l'exclusion des autres».

6) *Fan K'ouai* († 189 av. J.-C.); cf. *Sseu-ma Ts'ien*, chap. XCV.

7) *Kong-suen Hong* († 121 av. J.-C.); cf. *Sseu-ma Ts'ien*, chap. CXI.

8) *Kai yu ts'ong k'ao*, chap. XXIV, p. 2 v°:

I.

I. 鼴 鼠 飲 河 河 不 乾

II. 牛 女 長 年 相 見 難

III. 赤 手 南 山 縛 猛 虎

IV. 月 中 取 兎 天 漫 漫

Cette jonglerie littéraire n'est pas unique en son genre. *Tchao Yi* en cite encore deux autres spécimens (*Kai yu ts'ong k'ao*, chap. XXIV, p. 3 r°); l'un est dû à *Lieou Yin* 劉因 qui vivait à l'époque des *Yuan* 元 ; l'autre a été écrit par *Ko Cheng-tchong* 葛勝仲 (app. *Lou-k'ing* 魯卿, † 1144 ap. J.-C.), auteur qui vivait sous la dynastie des *Song* [1]).

Si, de l'époque des *Ming*, nous passons à l'époque des *Yuan* 元, nous constatons que les Mongols se servaient régulièrement du cycle des douze animaux pour dater les années. La remarque en a déjà été faite par Marco Polo qui dit: «Vous devez savoir aussi que les Tartares comptent leurs années par douze; le signe de la première année étant le lion, de la seconde le bœuf, de la troisième le dragon, de la quatrième le chien, et ainsi de suite jusqu'à la douzième année; en sorte que, si on demande à quelqu'un l'année de sa naissance, il répondra que c'était en l'année du lion (par exemple), en tel jour ou nuit, à telle heure et à tel moment. Et le père d'un enfant a toujours soin de noter ces particularités dans un livre. Quand les douze symboles annuels ont été épuisés, on revient au premier et

II.

I. 驪龍有珠常不睡
II. 畫蛇添足適爲累
III. 老馬何曾有角生
IV. 羝羊觸藩徒忿嚔

III.

I. 莫笑楚人冠沐猴
II. 祝雞空自老林邱
III. 舞陽屠狗沛中市
IV. 平津牧豕海東頭

1) *Ko Cheng-tchong* était né à *T'an-yang* et c'est pourquoi le recueil de ses œuvres littéraires porte le nom de *Tan yang tsi* 丹陽集 (voyez une notice sur cet ouvrage dans le *Sseu k'ou ts'iuan chou tsong mou*, chap. CLVI, p. 10 v°—12 r°).

on les parcourt de nouveau dans le même ordre de succession» [1]).
Ce témoignage n'est pas d'une exactitude rigoureuse, puisque les
animaux n'y sont pas nommés à leur rang; en outre, le lion y est
substitué au tigre de l'énumération chinoise; mais cette dernière
différence provient sans doute de ce que Marco Polo connaissait le
cycle avec les noms mongols des animaux: c'est le léopard dont il
a fait le lion.

Quoi qu'il en soit, l'observation de Marco Polo est juste dans
son ensemble et d'innombrables exemples prouvent que l'usage du
cycle des douze animaux était habituel dans les pièces officielles
émanant des chancelleries impériales à l'époque mongole. Pour ne
rappeler que les faits les plus connus, le fameux édit bilingue de
1314 par lequel Bouyantou khan exemptait de taxes les religieux
d'un temple taoïste, est datée en Mongol de l'année du léopard (*bars*)
et en Chinois de l'année du tigre [2]). Dans les rédactions chinoises
d'édits émanant d'empereurs mongols, nous relevons les dates suivantes: 1223, année du mouton (ou, plus exactement, de la chèvre) [3]);
1261, année de la poule [4]); 1311, année du porc [5]); 1324, année
du rat [6]); 1335, année du porc [7]); 1336, année du rat [8]). Les Mongols de Perse, aussi bien que ceux de Chine, employaient le cycle
des douze animaux; la lettre mongole d'Argoun au pape Honorius IV
était datée de l'année de la poule (1285) [9]); celle qu'il écrivit à

---

1) Cf. *Marco Polo* de Yule, 3e éd.; chap XXXIII; vol. I, p. 447—8. Ce passage ne
figure que dans la version de Ramusio; il est donc omis dans l'édition de Pauthier.

2) Prince R. Bonaparte, *Documents de l'époque mongole*, pl. XII, n° 3. Cf. *T'oung pao*,
1904, p. 422—426.

3) *T'oung pao*, 1904, p. 371.

4) *Ibid.*, p. 394.

5) *Ibid.*, p. 422.

6) *T'oung pao*, 1905, p. 42.

7) *T'oung pao*, 1904, p. 441.

8) *Ibid.*, p. 443.

9) Voyez la bibliographie des travaux relatifs à cette lettre dans Chabot, *Histoire du
patriarche Mar Jabalaha III*, App. I, p. 189, n. 2.

Philippe le Bel, de l'année du bœuf (1289) [1]); et la lettre adressée par Oeldjaïtou au même roi de France est de l'année du serpent (1305) [2]).

Les conquêtes mongoles répandirent le cycle des douze animaux sur une aire beaucoup plus vaste que celle qu'il avait occupée jusqu'alors; ils l'implantèrent en Perse et, plus tard, les historiens tels que Cheref ed-din (mort en 1446) [3]), Mirkhond (né vers 1433) [4]) et son fils Khondémir (né vers 1475) [5]) continuent à employer ce

---

1) Cf. Chabot, *op. cit.*, p. 222—229.

2) Pauthier, *Marco Polo*, p. 778—781.

3) Voyez l'*Histoire de Timur bec* écrite en persan par Cherefeddin Ali et traduite par Pétis de la Croix (1722). Dans la préface de l'auteur, on lit: «Timur naquit dans le bourg de Sebz, situé hors l'enceinte des murs de la délicieuse ville de Kech, capitale de l'Etat dudit Emir, la nuit d'un mardi cinquième de Chaban, de l'an de l'hégire 736, qui se rapporte à l'an de la souris du calendrier mogol». — Cette date correspond à l'année 1336 ap. J.-C. — Après avoir signalé l'usage de ce cycle par Chérif eddin, l'auteur de l'avertissement à la traduction de Pétis de la Croix ajoute (p. xxvi): «Les Persans encore à présent se servent de cette époque dans leurs registres et dans leurs actes publics. Leurs monnoyes de cuivre portent même gravées la figure de l'animal qui répond à l'année en laquelle on les a frappées». — Cette dernière assertion paraît sujette à caution; je n'ai trouvé, dans les publications européennes sur la numismatique persane, aucune monnaie présentant l'image d'un des douze animaux du cycle.

4) M. Cl. Huart me signale dans le texte persan de la Vie de Djenghiz khan par Mirkhond les dates suivantes: année de la naissance de Tchingghiz, année du porc, 1154; année du porc, 1202; année de la souris, 1203 (Quatremère, *Chrestomathies orientales*, p. 43, 55, 57).

5) Année de la panthère, 1264 (Defrémery, *Histoire des Khans mongols du Turkistan et de la Transoxiane, extraite du Habib esser de Khondémir*; Journ. As., 1852, p. 69 du tirage à part). — Sur l'usage du cycle des douze animaux chez les historiens persans, M. Reginald Stuart Poole (*Catalogue of the Coins of the Shâhs of Persia in the British Museum*, 1887, *Introduction*, p. xviii—xix) a fait une observation qui mérite d'être signalée: «Besides the Muslim year, the Persians use the native solar year, beginning at the vernal equinox, called by them the Turkí year, on account of the Tatar Cycle, which gives its name to each year. In their histories each year begins with the Nau-rúz at the vernal equinox, the year being designated according to the Tatar Cycle, and also numbered according to the Hijra year. It consequently follows that events of the Hijra year are constantly chronicled before the heading at its Nau-rúz. ... In the use of the cycle there are disagreements as well as errors within a series. These are due to the confusion caused

cycle en langue persane. Les **yarliks** tartares conservés dans les anciennes chroniques russes nous le montrent en usage chez les princes de la Horde d'or [1]. Les inscriptions syriaques des cimetières nestoriens du district de Semiretchie, inscriptions qui s'échelonnent du milieu du treizième an milieu du quatorzième siècle de notre ère, joignent très souvent à la date exprimée suivant l'ère des Séleucides, l'indication que l'année était alors l'année turque de l'un des douze animaux [2].

C'est aussi à l'époque mongole que le cycle des douze animaux apparaît au Cambodge et au Siam. Dans l'état actuel de nos connaissances, c'est l'inscription thaïe de Râma Khomheng (un peu postérieure à 1295) qui nous présente pour la première fois au Siam les noms des animaux tels qu'ils sont usités de nos jours à la fois au Siam et au Cambodge [3]; mais si on examine de près ces noms [4], on remarque qu'ils ne sont ni purement siamois ni

---

by no two years solar and lunar corresponding, and the consequent need occasionally to drop a lunar year containing no vernal equinox like A.H. 1153. Thus this year wholly disappears in the «Histoire de Nader Chah». We there find the heading of the year of the Sheep corresponding to A.H. 1151 (Part II, p. 75) and the events up to 2 Zu-l-Ḥijja (p. 92), and then the heading of the year of the Ape corresponding to A.H. 1152, followed by the statement that the Nau-rúz occurred on 21 [l. 12] Zu-l-Ḥijja (p. 93). The next heading is that of the year of the Hen, corresponding to A.H. 1154, followed by the date of the Nau-rúz 3 Muḥarram (p. 119). It may be added that the date of 2 Muḥarram, 1154, occurs before the entry above cited in the record of an earlier event (p. 118). Thus a whole lunar year, A.H. 1153, had elapsed between the Nau-rúz of 1152 and that of 1154».

1) Ces yarliks sont mentionnés dans l'article de I. J. Schmidt intitulé *Philologisch-kritische Zugabe zu den... zwei mongolischen Original-Briefen der Koenige von Persien Argun und Oeldschaïtu an Philipp den Schoenen.*

2) D. Chwolson, *Syrisch-nestorianische Grabinschriften aus Semirjetschie* (Mém. Ac. Imp. des Sciences de S<sup>t</sup> Pétersbourg, VII<sup>e</sup> série, tome XXXVII, n° 8, 1890; 168 p.). — Cf. du même auteur un premier travail intitulé: *Syrische Grabinschriften aus Semirjetschie* (Mém. Ac. Imp. des Sc. de S<sup>t</sup> Pétersbourg, VII<sup>e</sup> série, t. XXXIV, n° 4, 1886, 30 p.).

3) Mission Pavie, Etudes diverses, II, p. 190, n. 4, p. 192, n. 4 et n. 6.

4) Voyez la liste de ces noms dans le tableau de la p. 52).

purement cambodgiens; ils sont, en partie, des noms chinois transmis par l'intermédiaire de l'annamite, et, en partie, des mots dont l'origine reste incertaine. Pour qu'une telle combinaison ait pu se produire et être érigée en système chronologique, il a fallu vraisemblablement un laps de temps assez étendu; aussi est-il possible que l'élaboration de ce cycle soit notablement antérieure à l'inscription de Râma Khomheng. Au Cambodge, le voyageur chinois *Tcheou Ta-kouan* signale en 1296 l'existence du cycle, mais en attribuant aux animaux des noms qui sont nettement cambodgiens [1]); plus tard [2]), le Cambodge adopta le cycle actuel qui est identique au cycle usité au Siam au moins depuis l'inscription de Râma Khomheng. Au Tchampa, le cycle existait avec des noms tchames, mais nous ne savons pas à quelle antiquité il remonte [3]). Nous ignorons de même quand il fut introduit chez les Lolos du Yun-nan [4]).

Si nous revenons maintenant aux documents chinois pour poursuivre notre enquête sur le cycle des douze animaux à travers les

---

1) Cf. Pelliot, dans BEFEO, t. II, p. 160—161 et p. 160, n. 9, et t. IV, p. 410, n. 1.

2) M. Aymonier a cru pouvoir établir que, dès le treizième siècle, les Cambodgiens se servaient du cycle actuel; voici en effet ce qu'il écrit à la p. 611 du tome III de son ouvrage intitulé *Le Cambodge*: «L'inscription de Phnom Bakhêng est nettement datée de 1283 (1205 s., année cyclique Mame «de la Chèvre»). Comme tous les autres textes de ce temps, cette stèle de Bakhêng est en très mauvais état. On peut néanmoins reconnaître que son contenu la rapproche des inscriptions modernes d'Angkor Vat». — Si le fait invoqué par M. Aymonier était exact, il serait difficile à concilier avec le témoignage de *Tcheou Ta-kouan* d'après qui les animaux étaient désignés au Cambodge à la fin du treizième siècle par des noms purement cambodgiens. Cependant, M. Finot, qui a bien voulu examiner l'estampage de l'inscription de Phnom Bakhêng m'informe que ce monument porte une date peu distincte, mais qui est vraisemblablement 1505 ç. = 1583 A.D.; il n'est donc pas contemporain de *Tcheou Ta-kouan* et ne saurait lui être opposé.

3) Cf. A. Cabaton, *Nouvelles recherches sur les Chams*, 1901, p. 119.

4) Paul Vial, *les Lolos*, 1898, p. 10: chez les Lolos du *Yun-nan*, «les cérémonies du culte n'ont lieu qu'une fois par an. Elles sont fixées au mois du rat (11e lune) et elles commencent le jour du *cheval* ou du *rat*, selon que l'un ou l'autre de ces jours arrive tout d'abord au commencement du susdit mois».

âges, nous relevons dans l'histoire des *Kin* 金史 le passage suivant de la biographie d'un certain *Houang Kieou-yo* 黃久約 († 1191 ap. J.-C.): Sa mère «vit un soir en songe un rat qui tenait dans sa bouche une perle brillante, puis elle s'éveilla; or (*Houang*) *Kieou-yo* naquit en effet dans l'année *tseu* (caractère cyclique correspondant au rat)» [1].

Sous les *Song*, *Hong mai* 洪邁 (1124—1203), dans son *Yi kien tche tche* 夷堅支志 parle d'un certain *Mou Tou* qui, parce qu'il était né en une année marquée du signe *yeou* (correspondant au coq), ne mangeait jamais de poulets [2]. — *Tchou Pien* 朱弁 († 1144) [3], dans son *K'iu wei kieou wen* 曲洧舊聞 nous raconte une anecdote assez curieuse au sujet de l'empereur *Houei tsong* 徽宗 qui était né la cinquième année *yuan-fong* (1082) [4], année *jen-siu* 壬戌 correspondant au chien: «Pendant la période *tch'ong-ning* (1102—1106), *Fan Tche-hiu* adressa une requête à l'empereur en lui disant: Parmi les divinités des douze mansions, le chien se trouve au signe *siu* et préside donc à la vie de Votre Majesté; je propose qu'il soit interdit dans tout l'empire de tuer des chiens» [5].

---

1) *Kin che*, chap. XCVI, p. 1 r°: 一夕夢鼠唧明珠。寤。而久約生歲實在子也。

2) 穆度以生於酉遂不食雞。Cette citation est tirée du *Kai yu ts'ong k'ao*, chap. XXXIV, p. 8 v°. Sur le *Yi kien tche tche*, voyez *Sseu k'ou ts'iuan chou tsong mou*, chap. CXLII, p. 38 r°—39 v°. — Le fait qu'un homme ne mangeait pas l'animal auquel il était associé de par l'année de sa naissance suggère une explication totémique du cycle des douze animaux.

3) Voyez la biographie de *Tchou Pien* dans le *Song che*, chap. CCCLXXIII, p. 1 r°—2 r°.

4) Cf. *Song che*, chap. XIX, p. 1 r°.

5) 崇寧中范致虛上言十二宮神狗居戌位。爲陛下本命。請禁天下屠狗。Cité d'après le *Kai yu ts'ong k'ao*, chap. XXXIV, p. 8 v°. Sur le *K'iu wei kieou wen*, voyez *Sseu k'ou ts'iuan chou tsong mou*, chap. CXXI, p. 1 r°—2 r°.

En l'année 1038, l'empereur *Jen-tsong* 仁宗 envoya un certain *Lieou Houan* 劉渙 en ambassade auprès du chef tibétain *Kou-sseu-lo* 唃斯囉 qui occupait la région de *Si-ning* 西寧, à l'Est du Koukou-nor; *Kou-sseu-lo* reçut l'envoyé chinois et lui «raconta tout ce qui s'était passé autrefois, en datant les faits au moyen du cycle des douze animaux et en disant: En l'année du lièvre, il y eut tel événement; en l'année du cheval, il y eut tel autre événement» [1]). Les peuples tibétains connaissaient donc ce cycle au moins dès le commencement du onzième siècle de notre ère.

Passons à la période des cinq dynasties. — *Wang Tan* 王旦 (957—1017), dont le nom posthume fut *Wen-tcheng* 文正, rappelle, dans son *Yi-che* 遺事, le fait suivant: «Au temps de *Che tsong* (954—959), de la dynastie *Tcheou*, *Tchang Yong-tö* rencontra un homme extraordinaire qui lui dit: «Le vrai souverain a déjà fait son apparition. Quand vous remarquerez l'homme qui a un teint brun-noir et qui dépend de l'animal porc, vous devrez le bien traiter». (*Tchang*) *Yong-tö* rencontra *T'ai-tsou*, (futur fondateur) de la dynastie *Song*; son extérieur et son âge s'accordaient (avec ce que lui avait dit l'étranger). Aussitôt il se dévoua à lui; quand *T'ai-tsou* fut monté sur le trône, il lui témoigna une faveur et une estime sans égales» [2]). L'empereur *T'ai-tsou* était né en effet la

---

1) *Song che*, chap. CCCXCII, p 6 r°: 道舊事則數十二辰屬日。兎年如此。馬年如此。

2) 王文正公遺事記。周世宗時。張永德遇異人謂。眞主已出。但觀其色紫黑而屬豬者。當善遇之。永德遇宋太祖。英表與年歲悉合。遂歸心焉。及太祖卽位。寵厚無比。Cité d'après le *Kai yu ts'ong k'ao*, chap. XXXIV, p. 8 v°.

deuxième année *t'ien-tch'eng* (927), année *ting-hai* 丁亥 correspondant au porc.

Arrivons à la dynastie *T'ang*. Nous lisons dans le *Ts'ing yi lou*
清異錄 de *T'ao Kou* 陶穀 (902—970) [1]: «On possédait dans
le trésor du palais des *T'ang* le plateau des douze heures. **Tout**
autour il y avait les images des animaux; ainsi, pour (l'heure) *tch'en*,
ce n'étaient que **dragons** jouant parmi les fleurs et les herbes;
quand on passait à (l'heure) *sseu*, on trouvait des **serpents**; à (l'heure)
*wou*, des **chevaux**. Cet objet se transmit aux *Leang* dont le nom de
famille est *Tchou* [2]) et existait encore (sous cette dynastie)» [3]. —

---

[1] Sur le *Ts'ing yi lou*, voyez *Sseu k'ou ts'iuan chou tsong mou*, chap. CXLII, p.
46 r°. Sur *T'ao Kou*, voyez *Song che*, chap. CCLXIX, et Giles, *Biog. Dict.*, n° 1898.

[2] Cette dynastie est la première des cinq petites dynasties qui succédèrent aux *T'ang*;
elle régna de 907 à 922.

[3] 唐內庫有十二時盤。四周有物象。如辰時
則花草閒皆戲龍。轉巳則爲蛇。午則爲馬。傳
至朱梁猶在。 Cité d'après le *Kai yu ts'ong k'ao*, chap. XXXIV, p. 9 r°. Ce
texte a été reproduit par *Tch'en Jen-si* 陳仁錫 dans son *Tsien k'io lei chou*
潛確類書 publié en 1632 (chap. XCI, p. 3^bis v° de l'édition de la Bibliothèque
nationale, n. f. Chin, n° 1476, tome 10); *Tch'en Jen-si* ajoute que la couleur de ce plateau était franchement jaune et qu'il avait une circonférence de trois pieds 色正黃。
圍三尺。 C'est le texte de *Tch'en Jen-si* qu'a connu Schlegel (*Uranographie Chinoise*, p. 561, n. 2). — Cette citation montre que, à l'époque des *T'ang*, les heures de la
journée pouvaient être désignées au moyen du cycle des douze animaux; si l'on s'en rapportait à la traduction que Takakusu a publiée du *Nan hai ki kouei nei fa tchouan* d'*Yi-
tsing*, il semblerait que cet ouvrage pût nous apporter une nouvelle preuve du même fait
puisqu'on y lit des phrases telles que celles-ci: «the noon (lit. horse-hour, i.e. twelve o'clock)
is the proper time (for the meal)», «at the exact moment of the horse-hour (noon)...»,
«the exact (beginning of the) horse-hour (i.e. noon)» (Takakusu, *A Record of the Buddhist
Religion...*, p. 142, 143, 145). Mais, si on se reporte au texte chinois, on constate que
le terme traduit par «horse-hour» est simplement le caractère cyclique 午 *wou*; ce texte
ne prouve donc rien quand à l'usage du cycle des douze animaux à l'époque des *T'ang*;
la traduction qu'en donne M. Takakusu montre cependant quel rapport étroit les Japonais
de nos jours établissent entre les caractères du cycle duodénaire et les douze animaux.

Le *T'ang chou* nous apprend que, vers la fin de la dynastie *T'ang*, *Tong Tch'ang* 董昌 se révolta et se proclama empereur à *Chao-hing fou* (province de *Tchö-kiang*); au nombre des prétendus présages qui annoncèrent ses hautes destinées, on mentionne que, pendant la nuit était tombée du ciel une feuille de papier vert avec quelques mots écrits en rouge; ces caractères étaient indéchiffrables; *Tong Tch'ang* les lut cependant et dit: «Cette prédiction annonce que le **lièvre** montera sur un lit d'or; or je suis né dans (une année marquée du signe) *mao*; l'année prochaine séjournera dans ce même signe; le deuxième mois et le jour qui suivra le premier du mois seront l'un et l'autre en *mao*; c'est en ce moment que je monterai sur le trône» [1]). En d'autres termes, *Tong Tch'ang* étant né dans une année marquée du signe *mao* qui correspond au lièvre, se croit désigné par une prédiction où il est annoncé que le lièvre montera sur le lit d'or; cet oracle signifie, suivant lui, qu'il doit devenir empereur; pour s'accorder en tous points avec l'animal qui préside à ses destinées, il annonce qu'il prendra le titre d'empereur le deuxième jour du deuxième mois de l'année suivante parceque ce jour, ce mois et cette année sont tous trois marqués du signe *mao*; *Tong Tch'ang* se déclara en effet empereur en l'année 895 qui est une année *yi-mao* 乙卯. — Le *Heou tsing lou* 侯鯖錄 [2]), composé à la fin du onzième siècle par *Tchao Ling-tche* 趙令時, nous fournit l'anecdote suivante: «*Lou Tchang-yuan* [3]), à cause de

---

1) *T'ang chou*, chap. CCXXV, b, p. 8 r°: 昌曰。讖言兎上金牀。我生於卯。明年歲旅其次。二月朔之明日皆卯也。我以其時當即位。

2) Sur cet ouvrage, voyez *Sseu k'ou ts'iuan chou tsong mou*, chap. CXLI, p. 1 r°—2 r°.

3) Sur ce personnage, voyez *Kieou T'ang chou*, chap. CXLV, p. 3 v° et *T'ang chou*, chap. CLI, p. 3 r°—v°.

sa gloire et de ses vertus, fut nommé *sseu-ma* du *siuan-wou kiun*; *Han Yu*[1]) avait alors le titre de *siun-siuan*; comme ils se trouvaient tous deux ensemble dans la tente du commissaire impérial, quelqu'un se moqua de ce que leurs âges respectifs étaient si distants l'un de l'autre; (*Lou*) *Tchang-yuan* dit: «Le **tigre**[2]) et le **rat** appartiennent tous deux au cycle des douze animaux; comment y aurait-il entre eux un grand écart?»[3]). — Il est vraisemblable que, dans ce texte, le nom de *Han Yu* 韓愈 (768–824) n'intervient que par suite d'une méprise[4]); mais c'est bien *Han Yu*, et non un

---

1) *Han Yu* 韓愈 (cf. *T'ang chou*, chap. CLXXVI) vécut de 768 à 824; la date de sa naissance est une année du singe et est aussi éloignée que possible des années du tigre ou du rat; en outre, *Han Yu* n'eut jamais le titre militaire qui lui est attribué dans ce passage du *Heou tsing lou*. Je crois donc qu'il faut faire une correction de texte et lire *Han Hong* 韓弘, au lieu de *Han Yu* 韓愈. *Han Hong* (*Kieou T'ang chou*, chap. CLVI, p. 3 r°—4 r° et *T'ang chou*, chap CLVIII, p. 5 v°—6 r°) vécut de 763 à 820; il eut en 799 le titre de *tsie tou fou ta che* du *siuan wou kiun* 宣武軍節度副大使, ce qui le plaçait dans le même corps d'armée que *Lou Tchang-yuan*; ce fut d'ailleurs *Han Hong* qui remplaça *Lou Tchang-yuan* dans son commandement lorsque celui-ci périt (*T'ang chou*, chap. CLI, p. 3 v°; *Kieou T'ang chou*, chap. CLVI, p. 3 r°). Il reste, il est vrai, une difficulté: *Han Hong*, d'après le témoignage des deux histoires des *T'ang*, serait mort en 820, à l'âge de 58 ans; il était donc né en 763, année *kouei-mao* qui correspond au lièvre; ici encore nous ne trouvons pas l'accord désiré avec l'année du tigre ou l'année du rat que suppose le texte du *Heou tsing lou*; on remarquera cependant que l'erreur ne porte plus ici que sur une unité, car l'année du lièvre suit immédiatement l'année du tigre; il est probable que *Han Hong* est mort à cinquante-neuf ans, et non à cinquante-huit, et que la date de sa naissance est par conséquent l'année 762, année *ien-yin*, qui correspond au tigre.

2) Encore aujourd'hui on désigne communément à Péking le tigre sous le nom bizarre de *ta tch'ong* 大蟲 «le grand insecte».

3) *Lou Tchang-yuan* devait être né en l'année du rat; *Han Hong*, en l'année du tigre; quoique *Lou Tchang-yuan* fût beaucoup plus âgé que *Han Hong*, leurs âges respectifs n'étaient cependant distants que de deux unités en tant qu'ils étaient exprimés au moyen du cycle des douze animaux. — Voici ce texte du *Heou tsing lou*, tel qu'il est cité dans le *Kai yu ts'ong k'ao* (chap. XXXIV, p. 9 r°): 陸長源以勳德爲宣武軍司馬。韓愈爲巡宣。同在使幕或戲年輩相違。長源曰。大蟲老鼠俱是十二相屬。何違之有。

4) Cf. plus haut, n. 1.

autre, qui, dans la pièce allégorique qu'il composa en personnifiant le pinceau du lettré sous le nom de *Mao Ying* 毛穎 «la pointe faite en poils», dit: «Il reçut en fief le territoire de *Mao*» 封卯地 [1]). Cette phrase signifie que le pinceau est fait avec des poils de lièvre, car c'est l'animal lièvre qui correspond au caractère *mao*.

Le seul exemple qu'on ait relevé jusqu'ici, en dehors de l'époque mongole, d'une *date chinoise* exprimée au moyen du cycle des douze animaux se trouve sur un pilier gravé sous les *T'ang*; ce pilier porte en effet les mots suivants: «Erigé en la deuxième année *k'ien-yuan* (759 ap. J.-C.), le rang de l'année étant (l'animal) **porc** et (le caractère cyclique) *hai*, le mois étant fondé sur (l'animal) **lièvre** et (le caractère cyclique) *mao*, le vingt-sixième jour qui était le jour *kouei-hai*» 乾元二年歲次豕亥月建兔卯二十六日癸亥建。[2]) On remarquera que, dans ce texte, le cycle des douze animaux est appliqué simultanément à la désignation des années et à celle des mois.

Si cette manière d'exprimer les dates est exceptionnelle dans la littérature Chinoise de la dynastie *T'ang*, elle était au contraire usuelle à la même époque chez les peuples nomades du nord. Les Kirgiz (*Hia-kia-sseu* 黠戛斯), nous dit le *T'ang chou*, «appellent le commencement de l'année *mao-che ngai* [3]); ils comptent trois *ngai* [4]) pour une saison. Ils notent les années au moyen des douze animaux; c'est ainsi que, lorsque l'année est dans le signe *yin*, ils l'appellent l'année du **tigre**» [5]).

---

1) Ce texte est cité dans le *K'ouen hio ki wen*, chap. IX, p. 11 v°.

2) Voyez cette inscription dans le *Kin che ts'ouei pien* (chap. LXVI, p. 16 r°). J'ai déjà signalé ce texte dans le *T'oung pao*, 1904, p. 210—211.

3) *Ai* est le mot turc qui signifie «mois». Klaproth (*Tableaux historiques de l'Asie*, p. 16, n. 1) a proposé de voir dans les mots chinois *mao* (ou plutôt *meou*) *che ngai* la transcription de *mous-ai*, le mois de glace, en turc oriental.

4) Trois mois.

5) *T'ang chou*, chap. CCXVII, c, p. 7 v°: 謂歲首爲茂師哀。以

Chez les Turcs *T'ou-kiue* 突厥, il en était de même que chez les Kirgiz, et les inscriptions turques de l'Orkhon nous présentent toute une série de dates qui s'échelonnent de l'année 692 à l'année 735 et qui sont exprimées au moyen des noms des douze animaux [1]. Ce sont là, jusqu'à nouvel informé, les plus anciennes *dates* de cette sorte que l'on connaisse.

Les premiers sinologues qui se sont occupés du cycle des douze animaux, Abel Rémusat et Klaproth [2]), ne connaissaient pas de textes qui prouvassent l'existence de ce cycle antérieurement au septième siècle de notre ère; une science mieux documentée nous permet cependant de remonter beaucoup plus haut.

Sous la dynastie *Souei*, nous signalerons l'extraordinaire histoire de sorcellerie où l'on voit des femmes hystériques, persuadées qu'elles peuvent commander à un chat démoniaque, lui rendre un culte à tous les jours marqués du signe *tseu*, car le caractère *tseu* 子 cor-

---

三衰爲一時。以十二物紀年。如歲在寅則曰虎年。 Abel Rémusat (*Recherches sur les langues tartares*, t. I, p. 300—301) avait déjà relevé ce texte dans *Ma Touan-lin* et en tirait la conclusion que les Kirgiz ont dû être les inventeurs du cycle des douze animaux. Il semble que ç'ait été aussi l'opinion de Wylie (voyez Schlegel, *Uranographie chinoise*, p. 560).

1) Thomsen, *Inscriptions de l'Orkhon déchiffrées*, p. 119: année du mouton, 731; — p. 120: année du singe, 732; — p. 130: année du chien, 734; — année du porc, 735 (à la p. 183, Thomsen fait à propos de cette dernière date l'observation suivante: «La seconde année qu'on cite ici, porte le nom de alɣazyn; le seul objet qu'on puisse y voir, est nécessairement l'année suivante, 735, l'année du Porc, quoique ordinairement les idiomes turcs la dénomment du nom commun pour porc, toñuz, tandis que le mot alɣazyn est tout à fait inconnu; peut-être n'est il pas turc à proprement parler. La ressemblance indubitable qui existe avec le mot mandchou correspondant oulghiyan, pourrait faire penser à un emprunt fait à quelque dialecte tongouse (par ex. la langue Kitaï?). — W. Radloff, *Die alttürkischen Inschriften der Mongolei*, 1895, p. 247: Le monument de l'Ongin qui est de l'année du dragon, 692, est le plus ancien monument *daté* de la langue turque qui ait été trouvé jusqu'ici. Les inscriptions des sources de l'Iénissei emploient souvent le cycle des douze animaux, mais on ne sait pas de quelle époque sont ces monuments.

2) Abel Rémusat, *Recherches sur les langues tartares*, t. I, p. 300—1; — Klaproth, *Nouveau Journal Asiatique*, tome XV, p. 312.

respond au rat, c'est-à-dire à la victime qu'on offre au chat [1]).

---

1) Cette affaire n'étant pas sans intérêt pour l'histoire des superstitions, je traduis ici intégralement la page du *Souei chou* (chap. LXXIX, p. 2 r°—v°) qui en relate tous les détails: «*Tou-kou T'o* 獨孤陁 avait pour appellation *Li-sie* 黎邪; il occupa à la cour des *Tcheou* 周 le poste de *siu-fou-chang-che*; à cause de la faute de son père (*Tou-kou Sin* 獨孤信), il fut banni dans la commanderie de *Chou* 蜀 pendant plus de dix ans. Quand *Yu-wen Hou* 宇文護 eut été mis à mort (567), il revint pour la première fois à *Tch'ang-ngan* 長安 (*Si-ngan fou*). Quand *Kao-tsou* 高祖 (589—604) eut reçu la cession de l'empire (589), il lui donna les titres de *chang-k'ai-fou-yeou-ling* et de *tso-yeou-tsiang-kiun*; quelque temps plus tard, on l'envoya en province comme préfet de *Ying tcheou* 郢州; il fut promu au grade de *chang-ta-tsiang-kiun*, puis derechef envoyé comme préfet à *Yen tcheou* 延州. Il se plaisait aux doctrines hétérodoxes 左道; déjà la mère de sa femme rendait un culte au démon chat 猫鬼 et c'est ainsi que (ces pratiques) pénétrèrent ensuite chez lui; l'empereur en avait eu quelque nouvelle, mais n'y avait pas ajouté foi; or il arriva que l'impératrice *Hien* 獻皇后, ainsi que dame *Tcheng*, femme de *Yang Sou* 楊素妻鄭氏 tombèrent toutes deux malades; on appela des médecins qui, après avoir examiné (les malades), dirent tous: «C'est là une maladie causée par le démon-chat». L'empereur, considérant que *Tou-kou T'o* était le frère cadet de l'impératrice, né d'une autre mère qu'elle, et que la femme de *Tou-kou T'o* était la sœur cadette de *Yang Sou*, née d'une autre mère que lui, pensa donc que c'était *Tou-kou T'o* qui était cause du mal; il invita son frère aîné *Tou-kou Mou* 穆 à lui donner des avertissements en profitant de sa parenté avec lui; l'empereur lui-même, après avoir écarté son entourage, blâma *Tou-kou T'o*; celui-ci protesta de son innocence et l'empereur ne fut pas content; on fit rétrograder *Tou-kou T'o* qui devint préfet de *Ts'ien tcheou* 遷州; comme il avait proféré des paroles de ressentiment, l'empereur ordonna au *tso p'ou ye Kao K'iong* 高頻, au *ta-li-tcheng Houang-fou Hiao-siu* 皇甫孝緒 et au *ta-li-tch'eng Yang Yuan* 楊遠 d'instruire cette affaire par divers moyens. Une servante de *Tou-kou T'o* nommée *Siu A-ni* 徐阿尼 déclara ce qui suit: Ces pratiques venaient à l'origine de la famille de la mère de *Tou-kou T'o*, car elle rendait constamment un culte au démon-chat, et, chaque fois que venait un jour *tseu*, lui sacrifait pendant la nuit; en effet, qui dit «*tseu*» dit «rat» 言子者鼠也. Chaque fois que ce démon-chat avait tué un homme, les richesses du mort se transportaient secrètement dans la famille de ceux qui nourrissaient chez eux le démon-chat. Un jour, *Tou-kou T'o* avait demandé chez lui du vin; sa femme lui répondit qu'elle n'avait point d'argent pour acheter du vin; *Tou-kou T'o* dit alors à *A-ni*: «Ordonnez au démon-chat d'aller chez l'honorable *Yue* 越 pour que j'aie assez d'argent». *A-ni* alors prononça la formule magique à cet effet. Quelques jours après être revenu, le démon-chat alla chez (*Yang*) *Sou* 素. La onzième année (591), l'empereur venait de revenir de *Ping tcheou* 幷州 lorsque *Tou-kou T'o*, se trouvant dans son jardin, dit à *A-ni*: «Ordonnez au démon-chat d'aller auprès de l'impératrice pour qu'on me fasse présent de richesses plus

Dans le *Pei che* 北史, nous apprenons que la mère de *Yu-wen Hou* 宇文護, lequel mourut en l'année 572, écrivit à son fils une lettre où elle lui disait: «Autrefois, quand j'étais à *Wou-tch'ouan tchen*, je vous ai mis au monde, vous et vos frères; l'aîné naquit en l'année du **rat**, le second en l'année du **lièvre**, et vous-même en l'année du **serpent**» [1]).

Dans le *Wei chou* 魏書 qui fut écrit par *Wei Cheou* 魏收 (506—572), mais qui est composé de documents datant de la dynastie des *Wei* du Nord (386—535), un passage du traité sur les manifestations surnaturelles, sans se référer directement au cycle des douze animaux, me semble cependant en impliquer la connaissance. Voici ce passage: «Mauvais pronostics provenant du **dragon** et du **serpent**. La Discussion sur le *Hong fan* [2]) dit: Le dragon

considérables». *A-ni* prononça de nouveau la formule magique à cet effet et alors (le démon-chat) entra dans le palais. — *Yang Yuan* (, ayant reçu cette déposition et voulant la contrôler,) s'installa dans le bâtiment du *men-hia wai-cheng* et chargea *A-ni* d'appeler le démon-chat. Alors *A-ni* disposa pendant la nuit un bol de bouillie parfumée et, frappant avec la cuiller, elle jeta cet appel: «Chatte, venez; ne restez plus dans le palais». Au bout de quelque temps, le teint de *A-ni* devint complètement vert et elle fut comme si quelqu'un l'entraînait de force; elle dit: «Le démon-chat est arrivé». — L'empereur déféra cette affaire aux hauts dignitaires; le duc de *K'i-tchang, Nieou Hong* 奇章 公牛弘 dit: «Quand une influence funeste vient d'un homme, on peut y mettre fin en tuant cet homme». L'empereur ordonna de mettre *Tou-kou T'o* et sa femme dans un char (tiré par) des veaux (?) 犢車 pour qu'ils reçussent l'ordre de se suicider chez eux. Le frère cadet de *Tou-kou T'o, Tou-kou Tcheng* 整, qui avait le titre de *sseu-hiun che-tchong*, accourut au palais pour demander pitié. Alors on fit grâce de la mort à *Tou-kou T'o*; on lui enleva ses dignités et il fut réduit à la condition d'homme du peuple; sa femme, dame *Yang* 楊, dut se faire nonne. Auparavant, un homme avait déposé une plainte en disant que sa mère avait été tuée par le démon-chat; l'empereur, considérant cela comme une funeste extravagance, s'était irrité et l'avait renvoyé; mais quand survinrent ces événements, il ordonna par décret d'exterminer ceux qui avaient été accusés de pratiquer le culte du démon-chat. *Tou-kou T'o* mourut peu après».

1) *Pei che*, chap. LVII, p. 3 r°: 昔在武川鎮生汝兄弟。大者屬鼠。第二屬兎。汝身屬虵。

2) On sait que le *Hong fan* est un chapitre du *Chou king*; mais j'ignore ce qu'est l'ouvrage intitulé Discussion sur le *Hong fan*.

est un reptile écailleux; il vit dans l'eau; les nuages sont aussi une forme de l'eau; c'est quand l'influence du *yin* est triomphante que ces formes apparaissent. Quand le prince viole ici-bas les relations humaines et qu'en haut il est en désaccord avec la raison céleste, il y a certainement des calamités de lèse-majesté et de meurtre. (Suit l'énumération des cas où il y eut des apparitions de dragon ou de serpent sous la dynastie *Wei*). — Calamités du **cheval**. La Discussion sur le *Hong fan* dit: Le cheval est l'image de la guerre. C'est quand il va y avoir des faits de pillage et d'attaque que le cheval manifeste des prodiges. (Suit l'énumération des cas où apparurent des chevaux extraordinaires). — Calamités du **bœuf**. D'après la Discussion sur le *Hong fan*, le *Yi* (*king*) dit: le trigramme *k'ouen*, c'est le bœuf et c'est aussi la terre; quand l'influence de la terre est désordonnée, le bœuf manifeste des prodiges. Un autre auteur dit: Les calamités du bœuf sont l'image que le temple ancestral va être anéanti. Un autre dit: Quand les corvées pour le transport des grains sont accablantes, le bœuf produit de mauvais présages. (Suit l'indication que, en l'année 501, un veau naquit avec une seule tête, mais deux visages, deux bouches, trois yeux et trois oreilles). — Calamités de la **chèvre**. La Discussion sur le *Hong fan* dit: C'est là ce qui est provoqué quand le prince n'est pas éclairé et commet des fautes dans le gouvernement. (Suit l'énumération des chèvres de mauvais présage). — Calamités du **porc**. Le commentaire de *King Fang* [1]) dit: Dans l'ensemble de tous les phénomènes de mauvais augure, ceux de cette catégorie sont bien les plus nombreux; (ils sont signes que) une personne à qui on a confié une charge publique est perverse. Le livre de *King Fang* intitulé mauvais présages du *Yi* (*king*) dit: Quand un porc naît avec une tête d'homme et un corps de porc, le pays est près d'être troublé et

---

1) *King Fang* 京房, qui vivait au premier siècle avant notre ère, avait fait une étude toute spéciale du *Yi king*.

ruiné. (Suit l'énumération des porcs omineux). — Calamités du **coq**. La Discussion sur le *Hong fan* dit: Le commentaire de *King Fang* dit: Le coq est un petit animal domestique; il symbolise un fonctionnaire d'ordre secondaire; la corne est l'image de la guerre, et, quand elle se trouve sur (la tête du coq), elle représente la majesté du prince; cela présagera donc qu'un fonctionnaire d'ordre secondaire qui exerce le gouvernement va s'emparer du prestige du prince pour produire les maux du désordre et de l'anarchie. (Suit l'énumération des cas où apparurent des coq cornus ou présentant quelque autre anomalie)» [1]).

Assurément, chacun des groupes de cas indiqués dans ce passage du *Wei chou* pourrait, si on le considérait à part, s'expliquer sans qu'il soit besoin de tenir compte du cycle des douze animaux. Il est cependant bien remarquable que les sept animaux mentionnés ici l'un après l'autre appartiennent tous à ce cycle; si, d'autre part, nous nous rappelons que ce même cycle est, de nos jours encore,

---

1) *Wei chou*, chap. CXII, a, p. 13 r°—14 r°: 龍蛇之孽。鴻範論曰。龍鱗蟲也。生於水。雲亦水之象。陰氣盛故其象至也。人君下悖人倫。上亂天道。必有篡殺之禍。．．馬禍。鴻範論曰。馬者兵象也。將有寇戎之事。故馬爲怪也．．．牛禍。鴻範論易曰。坤爲牛。坤土也。土氣亂則牛爲怪。一曰。牛禍其象宗廟將滅。一曰。轉輪煩則牛生禍．．．羊禍。鴻範論曰。君不明失政之所致．．．豕禍。京房傳曰。凡妖象其類足多者。所任邪也。京房易妖曰。豕生人頭豕身者邑且亂亡．．．鷄禍。鴻範論曰。京房傳曰。鷄小畜。猶小臣也。角者兵之象。在上君之威也。此小臣執事者將秉君之威以生亂不治之害。

usité surtout dans l'art divinatoire, pour déterminer l'avenir d'une personne par l'animal présidant à l'année de sa naissance, nous conclurons avec quelque vraisemblance que les présages tirés par le *Wei chou* des sept animaux précités étaient précisément une partie de ceux qu'invoquaient les devins quand ils fondaient leurs prédictions sur les douze animaux du cycle [1]). Quoique ne connaissant pas ce texte, Jules Scaliger était déjà arrivé à la conclusion que chacun des animaux devait exprimer la caractéristique d'une année et il disait notamment, en accord parfait avec le *Wei chou*, que le cheval annonçait une année de tumultes belliqueux, «annum bellicorum tumultuum, Equum» [2]). De même, Abel Rémusat a bien vu le rapport que la science des devins établissait entre les époques, année, jour et heure, et le «naturel réel ou fictif attribué à chacun des douze animaux» [3]).

Voici maintenant un texte qui paraît prouver l'existence du cycle des douze animaux à l'époque des *Ts'i* (479—501), mais il ne nous est connu que de troisième main: *Wong Yuan-k'i* 翁元圻 qui, en 1825, publia une édition du *K'ouen hio ki wen* en y ajoutant un grand nombre de notes qui le complètent, nous informe en effet que: «Le *Fa chou yao tou* de (*Tchang*) [4]) *Yen-yuan*, de l'époque des *T'ang*, dit: *Yu Yuan-wei*, de l'époque des *Leang* (502 —556) dit dans sa Discussion sur les écritures 論書: A la fin des *Ts'i* (479—501), *Wang Jong* [5]) traça soixante-quatre types

----

1) De même, chez les Tchames, une des prières récitées aux Grandes Fêtes était une imprécation destinée à mettre en fuite les malheurs particuliers à chacune des années du cycle des douze animaux (cf. Cabaton, *Nouvelles recherches sur les Chams*, p. 119 et p. 124).

2) Scaliger, *De emendatione temporum*, éd. de 1629, liv. II, p. 101.

3) Abel Rémusat, *Recherches sur les langues tartares*, t. I, p. 301.

4) Sur cet ouvrage, voyez le *Sseu k'ou ts'iuan chou tsong mou*, chap. CXII, p. 8 v°— 10 r°. — *Tchang Yen-yuan* 張彦遠, qui vivait à la fin du IXe siècle, est l'arrière-arrière-petit-fils du conseiller d'état *Tchang Kia-tcheng* 張嘉貞 (cf. *T'ang chou*, chap. CXXVII, p. 4 r°, col. 10.

5) *Wang Jong* mourut en 493, à l'âge de 27 ans; il était donc né en 467.

d'écritures diverses anciennes et modernes; le roi de *Siang-tong* chargea *Wei Tchong-tsiang* de porter ce nombre à quatre-vingt onze; *Sie Chan-hien* y ajouta ses neuf genres d'écritures, ce qui fit un total de cent types. Dans le nombre il y avait l'écriture du rat, l'écriture du bœuf, l'écriture du tigre, l'écriture du lièvre, l'écriture du dragon, l'écriture du serpent, l'écriture du cheval, l'écriture de la chèvre, l'écriture du singe, l'écriture du coq, l'écriture du chien, l'écriture du porc; ce sont là les écritures des douze heures» [1]).

D'après la dissertation d'un certain *Wei Siu* 韋續 sur les cinquante-six sortes d'écritures, «sous les *Han* postérieurs (25 — 220 ap. J.-C.), *Siu Ngan-yu*, duc de *Tong-yang*, fit des recherches dans les écrits des historiens et trouva les écritures des douze heures qui avaient toutes la forme des divinités (affectées à ces douze heures)» [2]). J'ignore qui est ce *Wei Siu*; son témoignage, qui reporterait les écritures des douze heures jusqu'aux *Han* orientaux, n'est pas inconciliable avec celui de *Tchang Yen-yuan* qui mentionne ces écritures sous la dynastie des *Ts'i*; il est possible en effet que ces écritures existassent dès l'époque des *Han*, puis aient été recueillies par des érudits de l'époque des *Ts'i*. Il reste cependant quelque doute à ce sujet, et le dire de *Wei Siu* ne suffirait pas à lui seul

---

1) *K'ouen hio ki wen* (édition lithographique de *Chang-hai*, 1889, chap. IX, p. 11 v°):

元圻案。唐彥遠法書要錄曰。梁庾元威論書。齊末王融圖古今雜體。有六十四書。湘東王遣韋仲將定爲九十一種。謝善勛增其九法。合成百體。內有鼠書。牛書。虎書。兔書。龍書。蛇書。馬書。羊書。猴書。雞書。犬書。豕書。此十二時書也。

2) 後漢東陽公徐安于搜諸史籍得十二時書。皆象神形。 Cité d'après le *Tseu hio tien* (chap. II, p. 15 v°) de l'encyclopédie *Kou kin t'ou chou tsi tch'eng*. J'ai déjà signalé ce passage dans le *T'oung pao*, 1904, p. 211.

à prouver que le cycle des douze animaux était connu sous les *Han* orientaux. Mais nous possédons d'autres textes qui nous permettent de remonter au-delà des *Ts'i* jusqu'aux *Han*; nous allons les passer en revue.

*Sie Ngan* 謝安 (320—385 ap. J.-C.) eut en l'année 385 qui est marquée des signes *yi-yeou* 乙酉, un songe dont il augura sa mort prochaine; il raconta à un de ses amis son rêve en ces termes: «Autrefois, lorsque *Houan Wen* [1]) était encore de ce monde, je craignais constamment de perdre ma position; j'ai tout à coup rêvé que j'étais monté sur le char de (*Houan*) *Wen*, que je parcourais seize *li*, puis, que je voyais un coq blanc et que je m'arrêtais. Le fait d'être monté sur le char de (*Houan*) *Wen* signifie que je lui ai succédé dans sa charge; l'arrêt au bout de seize *li* signifie que c'est maintenant la seizième année (depuis que je lui ai succédé); le coq blanc 白雞 préside au signe *yeou* 酉; or maintenant le principe antithétique de la planète de l'année est dans le signe *yeou* 酉; il est probable que je ne relèverai pas de maladie»[2]). — Ce texte prouve que l'équivalence du coq et du caractère cyclique *yeou* était admise dès l'année 335 de notre ère.

Dans la biographie de *Ts'iao Tcheou* 譙周, l'auteur bien connu de l'Examen des anciens historiens 古史考, qui vécut de 200 à 270, nous lisons ce passage: «La deuxième année *hien-hi*, en été, *Wen Li*, originaire de la commanderie de *Pa*, revint de *Lo-yang* dans le pays de *Chou* et, en passant, rendit visite à (*Ts'iao*) *Tcheou*; au cours de la conversation, celui-ci écrivit sur une tablette ces mots

---

1) La biographie de *Houan Wen* se trouve dans le chapitre XCVIII du *Tsin chou.*

2) *Tsin chou*, chap. LXXIX, p. 4 r°: 昔桓溫在時。吾常懼不全。忽夢乘溫輿行十六里見一白雞而止。乘溫輿者代其位也。十六里止今十六年矣。白雞主酉。今太歲在酉。吾病殆不起乎。 . . . . . .

qu'il montra à (*Wen*) *Li*: «*Tien-wou* va périr; quand le mois sera en *yeou*, il disparaîtra». L'expression *Tien-wou* désignait *Sseu-ma*; les mots «le mois en yeou» signifiaient le huitième mois. Quand on arriva au huitième mois, le roi *Wen* mourut en effet»[1]). — Le personnage appelé ici le roi *Wen* n'est autre que *Sseu-ma Yi* 司馬懿, grand-père du fondateur de la dynastie *Tsin* 晉. Voulant prédire sa mort prochaine, *Ts'iao Tcheou* déguise son nom de *Sseu-ma* en lui substituant le terme *Tien-wou* qui en est l'équivalent, puisque *tien* 典 «règle» est synonyme de *sseu* 司 «diriger», tandisque le caractère cyclique *wou* 午 est l'équivalent du cheval 馬 dans la liste des douze animaux. Ainsi ce texte atteste la correspondance des caractères cycliques et des noms d'animaux à une date qu'il fixe lui-même à la deuxième année *hien-hi* (265), mais qui doit être en réalité la troisième année *kia-p'ing* (251 ap. J.-C.), si on s'en rapporte à la biographie de *Sseu-ma Yi* dans le premier chapitre du *Tsin chou*. .

Dans la biographie de *Tcheng Hiuan* 鄭玄 (127—200), le *Heou Han chou* nous apprend que «La cinquième année (200 ap. J.-C.), au printemps, (*Tcheng Hiuan*) vit en songe Confucius qui lui disait: «Levez-vous, levez-vous! Dans l'année actuelle, la planète de l'année correspond au signe *tch'en*; l'année prochaine, elle correspondra au signe *sseu*». A son réveil, *Tcheng Hiuan* confronta ce rêve avec des livres de divination et reconnut ainsi que sa vie était près de finir»[2]).

---

1) *San kouo tche*, section *Chou tche*, chap. XII, p. 6 v°: 咸熙二年夏巴郡文立從洛陽還蜀。過見周。周語次因書板示立曰。典午忽兮。月酉沒兮。典午者謂司馬也。月酉者謂八月也。至八月而文王果崩。

2) *Heou Han chou*, chap. LXV, p. 7 r°: 五年春夢孔子告之曰。起起。今年歲在辰。來年歲在巳。既寤以讖合之。知命當終。

Le commentaire de 676 du *Heou Han chou* ajoute ici la glose suivante: «Le *Kao ts'ai pou yu tchouan*, qui fut composé par *Lieou Houa* sous la dynastie des *Ts'i* du Nord (550—577), dit dans sa dissertation sur (*Tcheng*) *Hiuan*: «*Tch'en*, c'est le dragon; *sseu*, c'est le serpent. Quand l'année est dans le dragon ou dans le serpent, l'homme sage est affligé». C'est là sans doute le texte qu'on a en vue lorsqu'on dit que *Tcheng Hiuan* confronta son rêve avec les livres de divination» [1]).

Nous n'avons aucune raison pour mettre en doute l'explication qui nous est ici donnée du rêve de *Tcheng Hiuan*: il résulte de cette explication que, si *Tcheng Hiuan* put prévoir sa mort prochaine, c'était parce que les signes *tch'en* et *sseu* étaient respectivement associés au dragon et au serpent. Cette association d'idées existait donc dès l'année 200 de notre ère.

Le dictionnaire *Chouo wen*, qui est l'œuvre de *Hiu Chen* 許慎 et qui est accompagné d'une postface datée de l'an 100 ap. J.-C., explique le caractère 巳 comme étant la figuration d'un serpent 巳爲它 (pour 蛇) 象形, et le caractère 亥 comme étant identique dans l'écriture ancienne avec le caractère 豕 qui signifie porc 亥爲豕。與豕同。 Que ces deux étymologies soient intrinsèquement exactes, c'est ce dont je doute fort; mais elles ne peuvent avoir été imaginées que par un érudit connaissant la corrélation des douze animaux avec les caractères cycliques, corrélation qui se trouvait donc établie dès l'an 100 de notre ère.

A vrai dire, il n'y a rien de surprenant à ce que *Hiu Chen* ait connu cette corrélation, car elle était bien établie en Chine dès

---

1) 北齊劉晝高才不遇傳論玄曰。辰爲龍。巳爲蛇。歲至龍蛇賢人嗟。玄以讖合之。蓋謂此也。

le premier siècle de notre ère, comme le prouve un texte de *Wang Tch'ong* qui est décisif.

Dans son *Louen heng* 論衡, *Wang Tch'ong* 王充 (27—97 ap. J.-C.) discute l'opinion de ceux qui prétendent que les animaux du cycle duodénaire se succèdent suivant un ordre conforme à la théorie d'après laquelle les cinq éléments triomphent tour à tour l'un de l'autre; il s'exprime en ces termes:

«De même que les influences des cinq éléments se détruisent réciproquement, ainsi les animaux doués de vie triomphent l'un de l'autre. Quelle est la preuve qu'on en donne? La voici: Le signe *yin* 寅, c'est le bois 木; l'animal correspondant est le **tigre**. Le signe *siu* 戌, c'est la terre 土; l'animal correspondant est le **chien**; les signes *tch'eou* 丑 et *wei* 未 sont aussi la terre 土; l'animal correspondant au signe *tch'eou* 丑 est le **bœuf**; l'animal correspondant au signe *wei* 未 est la **chèvre**. Le bois triomphe de la terre; c'est pourquoi le **chien**, ainsi que le **bœuf** et la **chèvre** sont vaincus par le **tigre**. *Hai* 亥, c'est l'eau 水; l'animal correspondant est le **porc**; *sseu* 巳, c'est le feu 火; l'animal correspondant est le **serpent**; *tseu* 子 est aussi l'eau 水; l'animal correspondant est le **rat**; *wou* 午 est aussi le feu 火; l'animal correspondant est le **cheval**. L'eau triomphe du feu; c'est pourquoi le **porc** mange le **serpent**. Le feu est détruit par l'eau; c'est pourquoi, quand le **cheval** mange des excréments de **rat**, son ventre enfle. — Je dis: Si on examine de près ce que prétend cette théorie, (on constatera que), en ce qui concerne les animaux doués de vie, il y a des cas manifestes où ils ne triomphent pas l'un de l'autre. *Wou* 午 est le **cheval**; *tseu* 子 est le **rat**; *yeou* 酉 est le **coq**; *mao* 卯 est le **lièvre**; or l'eau triomphe du feu; comment cependant le **rat** poursuivrait-il le **cheval**? le métal triomphe du bois; pourquoi le **coq** ne donne-t-il pas des coups de bec au **lièvre**? *Hai* 亥 est le **porc**; *wei* 未 est la **chèvre**; *tch'eou* 丑 est le **bœuf**; or la terre triomphe de l'eau: pourquoi le **bœuf** et la **chèvre** ne tuent-ils pas le **porc**? *Sseu* 巳 est le **serpent**; *chen* 申 est le **singe**; or le feu triomphe du métal; pourquoi donc le **serpent** ne mange-t-il pas le **singe**? Le **singe** redoute le **rat**; celui qui mord le **singe**, c'est le **chien**; or le **rat** correspond à l'eau et le **singe** au métal; mais l'eau ne triomphe pas du métal; pourquoi donc le **singe** redoute-t-il le **rat**? *Siu* 戌, c'est la terre; *chen* 申, c'est le **singe**; or la terre ne triomphe pas du métal; pourquoi donc le **singe** craint-il le **chien**?» [1]).

Au cours de cette discussiou, *Wang Tch'ong* a l'occasion de citer tous les auimaux du cycle, à l'exception du dragon; mais cette lacune se trouve comblée par un autre passage du même auteur (*Louen heng*, chap. XXIII, § *yen tou*) où nous lisons: «*Tch'en* est le **dragon**; *sseu* est le **serpent**» 辰爲龍。巳爲蛇。

---

1) *Louen heng,* § *Wou che* 物勢 (chapitre III, page 23 r° de l'édition de 1791 du *Han wei ts'ong chou*): 且五行之氣相賊害。含血之蟲相勝服。其驗何在。曰寅木也。其禽虎也。戌土也。其禽犬也。丑未亦土也。丑禽牛。未禽羊也。木勝土。故犬與牛羊爲虎所服也。亥水也。其禽豕也。巳火也。其禽蛇也。子亦水也。其禽鼠也。午亦火也。其禽馬也。水勝火。故豕食蛇。火爲水所害。故馬食鼠屎而腹脹。曰審如論者之言。含血之蟲亦有不相勝之効。午馬也。子鼠也。酉雞也。卯兎也。水勝火。鼠何不逐馬。金勝木。雞何不啄兎。亥豕也。未羊也。丑牛也。土勝水。牛羊何不殺豕。巳蛇也。申猴也。火勝金。蛇何不食獼猴。獼猴者畏鼠也。齧獼猴者犬也。鼠水獼猴金也。水不勝金。獼猴何故畏鼠也。戌土也。申猴也。土不勝金。猴何故畏犬。

Ainsi, on trouve exposée, dès le premier siècle de notre ère en Chine, la théorie complète de l'équivalence des douze animaux avec les douze caractères cycliques.

Peut-on remonter plus haut encore et retrouver en Chine des traces du cycle des douze animaux antérieurement au premier siècle de notre ère? *Wang Ying-lin* le croit, mais *Tchao Yi* le conteste. Nous allons montrer que c'est ce dernier qui a raison, car les textes qu'invoquent *Wang Ying-lin* et les érudits qui soutiennent la thèse que lui ne sont rien moins que probants.

Les Ordonnances mensuelles (chap. *Yue ling* 月令) du *Li ki* disent que, pendant les trois mois de printemps, le Fils du Ciel mange du **mouton**; pendant les trois mois d'été, du **coq**; au milieu de l'année, du **bœuf**; pendant les trois mois d'automne, du **chien**; pendant les trois mois d'hiver, du **porc**.

*Tcheng Hiuan* (127—200) explique que le mouton est un animal qui correspond au feu; comme le printemps est encore froid, le Fils du Ciel mange du mouton pour mettre l'accord dans son tempérament (en le réchauffant) 羊火畜也。時尚寒。食之以安性也。(*Li ki*, chap. XIV, p. 4 v°).

*K'ong Ying-ta* (574—648) commente cette glose de *Tcheng Hiuan* en montrant que, suivant la théorie qu'elle suppose, le coq correspond au bois; le mouton, au feu [1]); le bœuf, à la terre; le chien, au métal; le porc, à l'eau; mais il a soin d'indiquer en même temps une autre théorie d'après laquelle le coq correspond au signe *yeou*, c'est-à-dire au métal. C'est cette seconde théorie seule qui montre la liste des douze animaux correspondant aux douze caractères cycliques, et, puisque cette seconde théorie n'est supposée ni par le texte du *Yue ling*, ni par le commentaire de *Tcheng Hiuan*, on

---

1) Il semblerait cependant que, à s'en tenir au texte du *Yue ling*, le mouton dût correspondre au bois puisque c'est cet élément qui symbolise le printemps; de même, le coq devrait correspondre au feu, symbole de l'été.

voit que les cinq animaux mentionnés par le *Yue ling* n'ont aucun rapport avec le cycle des douze animaux.

Je ne crois pas non plus que le cycle des douze animaux soit nécessairement impliqué dans le texte du *Yue ling* où il est dit que, le troisième mois de l'hiver, on accomplit la cérémonie de faire sortir de ville un **bœuf** en terre. S'il est vrai, en effet, que le troisième mois de l'hiver soit marqué du caractère *tch'eou* 丑, lequel correspond au bœuf dans le cycle des douze animaux, on peut fort bien concevoir cependant que le choix du mois, comme celui de l'animal, aient été dictés ici par des considérations qui n'ont rien de commun avec la correspondance entre les caractères cycliques et les animaux; nous nous trouvons en présence d'un rite du labourage: au moment où l'hiver va prendre fin, on fait sortir dans la campagne un bœuf en argile, symbole de la victime expiatoire qui détourne sur elle tous les maux susceptibles d'atteindre le bœuf de labour. — Cependant il faut reconnaître que la coïncidence de la désignation simultanée du douzième mois et de l'animal bœuf par le même caractère *tch'eou* 丑 n'apparaît pas comme fortuite dans le *Heou Han chou* où nous lisons: «Le dernier mois de l'année, on dresse six **bœufs** en terre en-dehors de tout ville qui est capitale de royaume ou préfecture de commanderie; *tch'eou* est (en effet) l'emplacement qui sert à renvoyer le grand froid» 是月也立 土牛六頭於國都郡縣城外。丑地以送大寒。 Pour expliquer ce passage, le commentaire de 676 ap. J.-C. ajoute: «Le *Yue ling tchang kiu* dit: La place occupée par ce mois se trouve en *tch'eou*; or *tch'eou* correspond au bœuf. Le froid allant atteindre son apogée, on fait sortir des images d'êtres qui le symbolisent afin de montrer qu'on le renvoie au loin et aussi qu'on fait par là remonter le principe *yang*». D'après cette glose, la raison pour laquelle on placerait hors de ville des bœufs en terre dans le douzième mois serait la raison suivante: lorsqu'arrive le douzième mois, on veut témoigner que le froid de l'hiver va désormais décroître pour laisser place à l'ascension graduelle du principe *yang* vivifiant; on se propose donc de chasser au loin le froid; or le bœuf correspond au signe *tch'eou* qui désigne lui-même le mois du froid extrême; c'est donc le bœuf qui symbolisera le froid et c'est pourquoi on chassera son image hors de la ville. — Bien que cette explication méconnaisse certainement la vraie signification du rite, elle n'en est pas moins importante parce qu'elle prouve que, dès l'époque où fut écrit le *Heou Han chou*, et peut-être dès l'époque même des *Han* postérieurs, le rite du bœuf de terre était interprété comme impliquant la corrélation entre un caractère cyclique et un nom d'animal; or cette corrélation n'a pu exister que si le cycle des douze animaux était constitué. — Ainsi donc, le rite du bœuf de terre, tel qu'il apparaît dans les Ordonnances mensuelles ne suppose pas l'existence du cycle des douze animaux; il la suppose au contraire dans le texte du *Heou Han chou*, mais nous n'avons pas lieu d'en être étonnés puisque nous avons appris, par le texte de *Wang Tch'ong* [1]), que le cycle des douze animaux était connu sous la dynastie des *Han* postérieurs.

Je ne parle que pour mémoire des deux vers du *Che king* (*Siao ya*, l. III, ode 6): «Dans le jour fauste *keng-wou*, nous avons choisi nos **chevaux**» 吉 日 庚 午 既 差 我 馬. Il me paraît bien invraisemblable qu'un texte aussi anodin suffise à prouver que le caractère *wou* 午 symbolisait le cheval au temps où cette ode fut composée.

Reste enfin, dans le *Wou Yue tch'ouen ts'ieou* 吳 越 春 秋, le passage où, décrivant la ville fortifiée que *Wou Tseu-siu* éleva pour *Ho-lu* (514—496 av. J.-C.), roi de *Wou*, l'auteur dit: «*Wou* se trouvait dans la position marquée par le caractère cyclique *tch'en*,

---

1) Cf. p. 79—80.

ce qui est la place où est le **dragon**; c'est pourquoi, sur la porte méridionale du petit rempart, on fit avec des plumes rebroussées deux protubérances de baleine (?) [1]) pour représenter les cornes d'un dragon. *Yue* se trouvait dans la position marquée par le caractère cyclique *sseu*, ce qui est la place occupée par le **serpent**; c'est pourquoi, sur la grande porte méridionale il y eut un serpent de bois qui se tournait vers le Nord et qui avait la tête rentrée, pour montrer que *Yue* était sous la dépendance de *Wou*» [2]). Si ce texte était digne de créance, il établirait que, dès l'an 500 avant notre ère, les caractères *tch'en* et *sseu* correspondaient respectivement au dragon et au serpent, ce qui suppose l'équivalence du cycle des douze caractères et du cycle des douze animaux. Mais on ne saurait tirer une conclusion aussi grave d'un témoignage unique et fort peu sûr; le *Wou Yue tch'ouen ts'ieou*, en effet, a été rédigé par *Tchao Ye* 趙曄 (app. *Tchang-kiun* 長君), qui vivait au premier siècle de notre ère; *Tchao Ye* a pu introduire dans son récit des conceptions qui avaient cours de son temps mais dont la présence aux dates où il les rapporte constitue un véritable anachronisme.

En conclusion, le cycle des douze animaux était familier aux Chinois dès le premier siècle de notre ère; il est possible qu'il soit un peu plus ancien, mais rien jusqu'ici ne permet de le prouver et toutes les probabilités tendent à nous faire croire qu'il n'a pas pu être introduit en Chine antérieurement au premier ou au second siècle avant notre ère. C'est l'opinion à laquelle aboutissait déjà

---

1) Le caractère 鯤 ne se trouve pas dans le dictionnaire de *K'ang-hi*; le sens que je lui attribue est hypothétique.

2) *Wou Yue tch'ouen ts'ieou*, chap. II, p. 2 r° et v° de l'édition de 1791 du *Han Wei ts'ong chou*: 吳在辰。其位龍也。故小城南門上反羽爲兩鯢鯤以象龍角。越在巳地。其位蛇也。故南大門上。有大蛇北向首內。示越屬於吳也。

*Tchao Yi* (1727—1814): «Ce cycle a son origine dans les civilisations du Nord; à l'époque des *Han, Hou-han-sie* frappa à la barrière (en demandant qu'on lui ouvrît) et entra s'installer à *Wou-yuan*; ses gens se mêlèrent avec le commun peuple et c'est alors que le cycle se propagea et pénétra dans le Royaume du Milieu». Ainsi, d'après *Tchao Yi*, le cycle des douze animaux serait originaire des civilisations turques qui se trouvaient au Nord de la Chine; il se répandit dans la Chine même après que, en l'an 48 de notre ère, le chef des *Hiong-nou* méridionaux fut venu s'établir dans la région chinoise de *Wou-yuan*, c'est-à-dire dans le territoire de la préfecture de *Yu-lin* 榆林 au Nord-Est de la province de *Chàn-si*; c'est la présence de cette population turque au milieu des Chinois qui amena la diffusion du cycle parmi ces derniers. Les considérations nouvelles auxquelles nous allons nous livrer ne feront que rendre plus plausible cette manière de voir.

---

## II. Textes bouddhiques traduits en Chinois.

Dans tout le chapitre précédent, plusieurs des textes que nous avons cités nous ont été fournis par les érudits Chinois; mais les lettrés, qui sont si merveilleusement informés sur les livres laïques, ignorent ce que contient la masse énorme des ouvrages bouddhiques qui ont été traduits d'une langue étrangère en chinois. Cette littérature d'importation et cependant capable de nous révéler quelques vestiges importants du cycle des douze animaux.

Afin de prévenir toute confusion, il importe d'abord de remarquer que les Hindous ont connu les signes du zodiaque; on trouvera

---

1) *Kai yu ts'ong k'ao*, chap. XXXIV, p. 9 v°—10 r°: 此本起於北俗。 至漢時呼韓邪欵塞入居五原。與齊民相雜。 遂流傳入中國耳。

donc dans des textes de l'Inde traduits en Chinois des énumérations telles que celle-ci: «Les constellations appelées *tch'en* sont au nombre de douze 所言辰者有十二種; ce sont: 1° *mi-cha* 彌沙 (meṣa; Bélier); 2° *p'i-li-cha* 毗利沙 (vṛṣa; Taureau); 3° *mi-t'eou-na* 彌偷那 (mithuna; Gémeaux); 4° *kie-kia-tch'a-kia* 羯迦吒迦 (karkaṭaka; Cancer); 5° *?-ho* 繰 (sic) 呵 (siṃha; Lion); 6° *kia-jo* 迦若 (kanyā; Vierge); 7° *teou-lo* 兜羅 (tulā; Balance); 8° *pi-li-tche-kia* 毗梨支迦 (vṛçcika; Scorpion); 9° *t'an-ni-p'i* 檀尼毗 (dhanvin; Sagittaire); 10° *mo-kia-lo* 摩迦羅 (makara; Capricorne); 11° *kieou-p'an* 鳩槃 (kumbha; Verseau); 12° *mi-na* 彌那 (mīna; Poissons)» [1]). — Il est évident que cette nomenclature n'a rien de commun avec la liste des douze animaux et nous n'avons donc pas à nous en occuper ici.

Nous pouvons signaler la série des douze animaux dans un petit sūtra assez bizarre, le *Che eul yuan cheng siang jouei king* 十二緣生祥瑞經 (Bunyiu Nanjio, *Catalogue*, N° 814; Trip. de Tôkyô, XIV, 6, p. 89 v°—93 v°). Cet opuscule a été traduit entre 980 et 1000 de notre ère par le religieux *Che-hou* 施護; il traite des présages qui peuvent être tirés au moyen d'un diagramme dans lequel les douze causes (nidānas) sont mises en corrélation avec les douze mois et avec les caractères du cycle duodénaire; tout à la fin, on lit le passage suivant: «Celui qui examine avec une attention scrupuleuse ce que produisent les douze causes, afin de comprendre parfaitement le bien ou le mal, le chagrin ou la joie, la réussite ou l'échec, doit dessiner un diagramme de l'évolution et le tracer clairement en partant de l'avidyā (correspondant au 10e mois) pour aboutir au jarāmaraṇa (correspondant au 9e mois); les mois et les jours y auront leurs places distinctes; dans l'ordre de succession on

---

1) *Ta fang teng ta tsi king*, chap. LVI (Trip. de Tôkyô, III, 4, p. 61 v°). La partie du *Ta tsi king* où se trouve ce passage a été traduite entre 566 et 585 par Narendrayaças (Bunyiu Nanjio, *Catalogue*, App. II, N°ˢ 120 et 128; *T'oung-pao*, 1905, p. 349, n. 1).

y disposera les douze formes corporelles qui sont: le **rat**, le **bœuf**, le **tigre**, le **lièvre**, le **dragon**, le **serpent**, le **cheval**, la **chèvre**, le **singe**, le **coq**, le **chien** et le **porc**» [1]).

Je ne crois pas qu'on puisse faire grand état de ce texte; ce sūtra, dont l'authenticité ne semble pas être garantie par une traduction tibétaine [2]), paraît être une adaptation au calendrier chinois d'une méthode hindoue de divination par les douze causes; s'il mentionne le cycle des douze animaux, cela prouve simplement que ce cycle était connu des Chinois à la fin du dixième siècle de notre ère, constatation banale qui n'ajoute rien à nos connaissances.

D'une toute autre importance est un passage du *Ta fang teng ta tsi king* 大方等大集經 (Mahāsaṃnipāta sūtra) dont voici d'abord la traduction: [3])

---

1) 審諦觀察十二緣生。了達善惡憂喜得失。應畫轉輪圖寫分明。謂從無明乃至老死。月日分位。次第羅列。鼠牛虎兔龍蛇馬羊猴雞犬豕。十二相狀。(Trip. de Tôkyô, XIV, 6, p. 93 v°).

2) Cf. Bunyiu Nanjio, *Catalogue*, n° 814.

3) Ce texte comportant des redites nombreuses, je n'ai traduit intégralement que le premier paragraphe et j'ai remplacé par des points dans les autres paragraphes les phrases qui reviennent toujours identiques à elles-mêmes. Pour la même raison, il est inutile de citer le texte chinois dans son entier et il suffira de donner ici le premier paragraphe et le dernier. — Tripiṭaka de Tôkyô, III, 2, p. 33 v°—34 r°: 善男子。若爲人天調伏衆生。是不爲難。若爲畜生調伏衆生。是乃爲難。善男子。閻浮提外。南 (var. des éd. des *Song*, des *Ming* et des *Yuan*: 東) 方海中有琉璃山。名之爲潮。高二十由旬。具種種寶。其山有窟名種種色。是昔菩薩所住之處。縱廣一由旬。高六由旬。有一毒虵在中而住。修聲聞慈。復有一窟名曰無死。縱廣高下亦復如是。亦是菩薩昔所住處。中有一馬修聲聞慈。復有一窟名曰善住 (var. ajoute ici 處) 縱廣高下亦復如是。亦是菩薩昔所住處。中有一羊修聲聞慈。其

«O gens de bien, ceux qui étant hommes ou devas soumettent à la règle tous les êtres vivants, ceux-là ne font pas une œuvre difficile; mais ceux qui étant animaux soumettent à la règle tous les êtres vivants, ceux-là font une œuvre difficile. O gens de bien, en-dehors du Jambudvīpa, dans la mer de la région de l'Est [1] il y a une montagne de *lieou-li* (vaidūrya) dont le nom est *Tch'ao* 潮; elle est haute de vingt yojanas; il s'y trouve toutes sortes de substances précieuses. Dans cette montagne est une caverne appelée «Couleurs [2]) de toutes sortes» 種種色; c'est là un endroit où se sont autrefois tenus les Bodhisattvas; elle mesure un yojana en long et en large et elle est haute de six yojanas; il y a un **serpent** venimeux qui y demeure; il pratique la bienveillance de ceux qui ont entendu la voix (çrāvakas). Il y a encore une caverne appelée «Sans mort» 無死; elle a les mêmes dimensions que la première en longueur, en largeur et en hauteur; elle est aussi un

---

山樹神名曰無勝。有羅剎女名曰善行。各有
五百眷屬圍遶。是二女人常供養如是三獸。
〇〇〇〇〇〇〇〇〇〇是十二獸。晝夜常行閻浮提內。
天人恭敬。功德成就已。於諸佛所 (var. supprime ce
dernier mot) 發深重願。一日一夜常令一獸遊行教
化。餘十一獸安住修慈。周而復始。七月一日
鼠初遊行。以聲聞衆教化一切鼠身衆生。令
離惡業勸修善事。如是次第至十三日。鼠復
還行。如是乃至盡十二月。至十二歲。亦復如
是。常爲調伏諸衆生故。善男子。是故此土多
有功德。乃至畜生亦能教化。演說無上菩提
之道。是故他方諸菩薩等。常應恭敬此佛世
界。

1) L'édition de Corée écrit: «Sud».

2) Le mot 色 peut être aussi l'équivalent de rūpa «forme».

endroit où se sont autrefois tenus les Bodhisattvas; au milieu se trouve un **cheval** qui pratique la bienveillance de ceux qui ont entendu la voix (çrāvakas). Il y a encore une caverne appelée «Bon séjour (Susthāna?)» 善住處; elle a les mêmes dimensions que les précédentes en longueur, en largeur et en hauteur; elle est aussi un endroit où se sont autrefois tenus les Bodhisattvas; au milieu est une **chèvre** qui pratique la bienveillance de ceux qui ont entendu la voix (çrāvakas). Dans cette montagne est une déesse du **bois** appelée «Invincible» 無勝 et une rākṣasī nommée «Bonne conduite» 善行; chacune d'elles a cinq cents parents qui l'entourent. Ces deux femmes s'occupent constamment de soigner et de nourrir ces trois animaux. — O gens de bien, en dehors du Jambudvīpa, dans la mer de la région du **Sud** [1]), il y a une montagne de *p'o-li* (sphaṭika); elle est haute de vingt yojanas. Dans cette montagne est une caverne appelée «Couleur supérieure» 上色; ..... il s'y trouve un **singe**..... Il y a encore une caverne appelée «Serment» 誓願; ..... au milieu se trouve une **poule**..... Il y a encore une caverne appelée «Lit de la Loi» 法牀; ..... au milieu se trouve un **chien**.... Dans (cette montagne) est une déesse du **feu** et une rākṣasī nommée «Vue des yeux» 眼見; chacune d'elles a cinq cents parents qui l'entourent; ces deux femmes s'occupent constamment de soigner et de nourrir ces trois animaux. — O gens de bien, en-dehors du Jambudvīpa, dans la mer de la région de l'**Ouest** [2]), il y a une montagne d'argent dont le nom est «Lune de la Bodhi» 菩提月; elle est haute de vingt yojanas. Il s'y trouve une caverne appelée «Diamant» 金剛; ..... au milieu se trouve un **porc**..... Il y a encore une caverne appelée «Mérite parfumé» 香功德; ..... au milieu se trouve un **rat**..... Il y a encore une caverne appelée «Mérite

---

1) L'édition de Corée écrit: «Ouest».

2) L'édition de Corée écrit: «Nord».

élevé» 高功德；..... au milieu se trouve un **bœuf**..... Dans cette montagne est une déesse du **vent** nommée «Qui agite les vents» 動風 et une rākṣasī nommée «Non protection» 無護； chacune d'elles a cinq cents parents qui l'entourent; ces deux femmes s'occupent toujours de soigner et de nourrir ces trois animaux. — O gens de bien, en-dehors du Jambudvīpa, dans la mer de la région du **Nord** [1]), il y a une montagne d'or dont le nom est «méritoire marque distinctive» 功德相； elle est haute de vingt yojanas. Il s'y trouve une caverne appelée «Etoile brillante» 明星 .....; il y a là un **lion**..... Il y a encore une caverne appelée «Conduite pure» 淨行 .....; au milieu est une **lièvre**..... Il y a encore une caverne appelée «Joie» 喜樂 ....; au milieu est un **dragon**.... Dans cette montagne, il y a une déesse de l'**eau**, nommée «devī de l'eau» 水天 et une rākṣasī nommée «Qui a honte» 修慙愧； chacune d'elles a cinq cents parents qui l'entourent; ces deux femmes s'occupent constamment de soigner et de nourrir ces trois animaux.

«Ces douze animaux parcourent constamment jour et nuit le Jambudvīpa; les devas et les hommes les vénèrent. Quand ils ont accompli leur œuvre méritoire, auprès de tous les Buddhas (ces animaux) prononcent le vœu solennel de faire en sorte que pendant un jour et une nuit il y ait toujours l'un d'eux qui aille en tournée, prêchant et convertissant, tandis que les onze autres restent tranquilles à pratiquer la bonté; quand ils ont fait cela l'un après l'autre, le cycle recommence. Le premier jour du septième mois, le rat fait sa tournée le premier, et, par les enseignements de la multitude des çravakas, il convertit tous les êtres qui ont corps de rat; il les engage à quitter les actions mauvaises et les exhorte à pratiquer le bien. (Les onze autres animaux) font successivement de même, et quand on arrive au treizième jour, le rat recommence sa

---

1) L'édition de Corée écrit: «Est».

tournée. De la même manière, ils vont jusqu'au bout des douze mois et aussi jusqu'au bout des douze années, en vue de soumettre à la règle tous les êtres vivants. O gens de bien, c'est pour cette raison que sur cette terre il s'accomplit beaucoup d'actions méritoires, car même les animaux peuvent aussi prêcher et convertir, et exposer en la développant la doctrine de la Bodhi qui n'a pas de supérieure; c'est pourquoi tous les Bodhisattvas des autres régions doivent toujours respecter ce domaine terrestre du Buddha» [1]).

A quelle époque le texte étranger où figure ce passage a-t-il fait son apparition en Chine? La question ne se laisse pas immédiatement résoudre car le *Ta tsi king* n'a été traduit ni en une fois, ni une seule fois; aussi est-il nécessaire d'entrer ici dans quelques détails:

Le *Li tai san pao ki*, publié par *Fei Tch'ang-fang* en 597 (Trip., XXXV, 6, p. 32 r°), cite le *Ta tsi king* 大集經 en 27 chapitres, traduit entre 147 et 189 de notre ère par le çramaṇa du royaume des *Yue-tche*, le (Yue-)tche *Leou-kia-tch'en* 月支國沙門支婁迦讖, qu'on appelle aussi simplement le (*Yue-*)tche *Tch'en* 支讖.

Le même ouvrage (Trip., XXXV, 6, p. 55 v°) mentionne le *Ta fang teng ta tsi king* 大方等大集經, en 30 chapitres, traduit entre 402 et 412 par *Kieou-mo-lo-che-p'o* 鳩摩羅什婆 (Kumārajīva; cf. B. Nanjio, Catalogue, App. II, N° 59). C'est là la seconde traduction du texte déjà traduit par le (*Yue-*)tche *Tch'en* et les deux publications ne présentent entre elles que de légères différences.

---

1) C'est ce texte du *Ta tsi king* qu'avait en vue Wassilief (*Der Buddhismus*, 1re partie, 1860, p. 182), quand il écrivait: «...es giebt Dhâraṇî's um solche Bodhisattva's zu werden, die, nachdem sie die Gestalt von Thieren angenommen haben, die Geschöpfe ausserhalb Dschambudvîpa's erleuchten. Die Namen dieser Thier-Bodhisattva's sind dieselben mit denen, welche in Mittelasien dem zwölfjährigen Cyclus gegeben werden. Wir erinnern uns nicht eine Erwägung dieser Bodhisattva's und, was der Buddhismus damit sagen wollte, an irgend einer andern Stelle gefunden zu haben».

Enfin une troisième traduction (Trip., XXXV, 6, p. 61 v°) qui diffère peu des deux précédentes, est celle qui fut faite entre 414 et 433 par *T'an-mo-tch'en* 曇摩讖 (Dharmarakṣa; cf. B. Nanjio, Catalogue, App. II, N° 67).

Entre 566 et 585, Narendrayaças traduisit diverses sections qui ne faisaient point partie du texte publié par les trois traducteurs précédents. Le *Li tai san pao ki* (Trip., XXXV, 6, p. 81 r°) rappelle comment, en 586 de notre ère, le çramaṇa *Seng-tsieou* 僧就 fit une récension du *Ta tsi king* en 60 chapitres; *Seng-tsieou* réunit les sections traduites par Narendrayaças à la partie autrefois traduite par l'ancien sage, le (*Yue-*)*tche T'an* puis publiée par *Lo-che* 緣 是 前 哲 支 曇 所 翻 及 羅 什 出. Il est évident que le mot *T'an* est ici fautif et qu'on doit lire *Tch'en* [1]); les deux traducteurs auxquels fait allusion *Fei Tch'ang-fang* sont certainement les deux premiers traducteurs du *Ta tsi king*: le *Yue-tche Leou-kia-tch'en* et Kumārajīva; quant au troisième traducteur, Dharmarakṣa, *Fei Tch'ang-fang* n'y fait ici aucune allusion, ce qui nous confirme dans l'opinion que son œuvre différait fort peu de celles de ses deux prédécesseurs et que, pour cette raison, il n'était pas absolument nécessaire d'en rappeler l'existence. Au fond, c'était toujours le même texte 同 本 (Trip., XXXVIII, 4, p. 37 v°) qui avait été publié par les trois traducteurs successifs.

Le texte relatif aux douze animaux se trouve dans un des chapitres de la section *hiu k'ong mou* 虛空目 qui est indiquée par le colophon placé en tête de chaque chapitre comme ayant été traduite par Dharmarakṣa. De même, *Seng-yeou*, dans son *Tch'ou san ts'ang ki tsi* publié en 520, cite le *hiu k'ong mou* comme la dixième

---

1) Cette inexactitude du texte Chinois m'a induit moi-même en erreur (*T'oung pao*, 1905, p. 351, lignes 13—14); j'ai cru que les caractères 支 曇 羅 什 étaient la transcription du nom de Dharmarakṣa, alors qu'ils désignent en réalité le *Yue-tche Leou-kia-tch'en* et Kumārajīva.

des douze sections en 29 chapitres traduites par Dharmarakṣa
(Trip., XXXVIII, 1, p. 49 v°). Les deux postfaces insérées dans le
*Ta tsi king* par les éditeurs Coréens (Trip., III, fasc. 1, p. 9 r°,
et fasc. 2, p. 70 r°) nous apportent d'ailleurs un témoignage identique. On peut donc dire avec certitude que le passage relatif aux
douze animaux faisait partie du texte traduit par Dharmarakṣa,
avant lui par Kumārajīva, et avant Kumārajīva par *Leou-kia-tch'en*:
le nom de ce dernier nous reporte d'ailleurs au deuxième siècle de
notre ère; cette date se trouve donc être le *terminus* avant lequel
le cycle des douze animaux a dû exister dans un texte bouddhique
venu des pays d'Occident.

Cherchons maintenant à préciser dans quelle région ce texte
avait pu prendre naissance. On a peut-être décerné trop facilement
jusqu'en ces derniers temps un certificat d'origine indienne à tous
les textes bouddhiques qui ont été traduits en Chinois. Tout ré-
cemment cependant, M. Sylvain Lévi, étudiant dans l'ouvrage même
d'où nous extrayons la théorie des douze animaux certaines listes
de localités, faisait remarquer que la connaissance de la **géographie**
de l'Asie Centrale qu'impliquent ces listes nous interdit de les con-
sidérer comme ayant été dressées en Inde; ce n'est qu'à Khoten ou
dans quelque autre centre religieux du voisinage qu'on a pu rédiger de
telles nomenclatures; il faut donc admettre que le Mahāsaṃnipāta sūtra
(*Ta tsi king*) a été, sinon entièrement composé, du moins fortement
remanié dans le Turkestan oriental. La faveur dont ce texte jouissait
à la fin du sixième siècle de notre ère [2]) dans le royaume de *Tchö-keou-
kia* (Karghalik), à 800 *li* à l'Ouest de Khoten, s'expliquerait ainsi tout
naturellement, puisque cet ouvrage avait été élaboré dans cette région.

---

1) Le religieux Japonais En-tsû 圓 通 , dans son *Fo kouo li siang pien* 佛 國
曆 象 編 , publié en 1810, a cherché à prouver (chap. III, p. 44 v°—47 r°) que la
liste des douze animaux était originaire de l'Inde; mais, en dehors du passage précité du
*Ta tsi king*, les textes qu'il invoque ne sauraient étayer réellement sa thèse.

2) Cf. *T'oung pao*, 1905, p. 353, lignes 14 et suiv.

Nous arrivons à la même conclusion en considérant la liste des douze animaux; cette liste en effet n'a jamais été signalée dans aucun livre de l'Inde et paraît avoir été inconnue dans ce pays; nous sommes donc amenés à admettre que ce sont les Bouddhistes de l'Asie Centrale, et non ceux de l'Inde, qui doivent être tenus responsables de l'insertion de cette théorie dans un sūtra.

Mais la question se pose maintenant de savoir d'où les peuples de l'Asie Centrale ont reçu le cycle des douze animaux. On sait que le Turkestan Oriental fut pendant de longs siècles le territoire contesté que se disputèrent les Turcs (soit Kouchans, soit *Hiong-nou*) et les Chinois. A laquelle de ces deux influences dut-il le cycle des animaux? Je crois, pour ma part, que c'est aux Turcs; en effet, quelque anciennement que ce cycle ait été connu des Chinois, il n'en reste pas moins vrai que c'est aux deux époques de l'apogée des peuples turco-mongols, à savoir au huitième, puis au treizième siècles, que le cycle des animaux devint soudain d'un usage général; il y a là un fait qui prouve que ce cycle était beaucoup plus inhérent à l'esprit turc qu'à l'esprit Chinois; chez les Chinois, il reste toujours à l'état d'emprunt mal assimilé; chez les Turcs au contraire il est la base de toute chronologie.

En second lieu, si la liste des douze animaux avait été apportée dans l'Asie Centrale par les Chinois, on ne comprendrait pas pourquoi le tigre est devenu le lion dans le passage précité du *Ta tsi king* [1]). Si au contraire la liste a été empruntée aux Turcs, il est assez naturel que le léopard qui y figure ait été pris pour le tigre par les Chinois, tandis que les habitants de l'Asie Centrale le prenaient pour le lion. La preuve que la confusion pouvait être commise, c'est que Marco Polo, tenant ses renseignements des Mongols, et non des Chinois, parle lui aussi du lion comme d'un des animaux du cycle [2]).

---

1) Cf. p. 90, ligne 10.
2) Cf. p. 58, lignes 3—7.

En troisième lieu, si nous considérons le système Chinois, nous trouvons les correspondances suivantes entre les animaux, les caractères cycliques, les éléments et les points cardinaux:

| rat | bœuf | tigre | lièvre | dragon | serpent | cheval | chèvre | singe | coq | chien | porc |
|---|---|---|---|---|---|---|---|---|---|---|---|
| *tseu* | *tch'eou* | *yin* | *mao* | *tch'en* | *sseu* | *wou* | *wei* | *chen* | *yeou* | *siu* | *hai* |
| eau | terre | bois | bois | terre | feu | feu | terre | métal | métal | terre | eau |
| rd | | Est | | | Sud | | | Ouest | | | No- |

La traduction du *Ta tsi king* telle qu'elle est imprimée dans les trois éditions des *Song*, des *Yuen* et des *Ming* ne s'accorde pas avec ce système puisqu'elle présente les équivalences suivantes:

| serpent—cheval—chèvre | singe—coq—chien | porc—rat—bœuf | lion—lièvre—dragon |
|---|---|---|---|
| Est | Sud | Ouest | Nord |

Il est vrai que l'édition de Corée a tenté de remédier à ce désaccord en introduisant des variantes qui rétablissent en apparence l'harmonie; d'après les leçons de cette édition en effet, on a:

| serpent—cheval—chèvre | singe—coq—chien | porc—rat—bœuf | lion—lièvre—dragon |
|---|---|---|---|
| Sud | Ouest | Nord | Est |

Mais les variantes de l'édition de Corée sont un artifice maladroit, car, si elles produisent l'accord entre les points cardinaux et les animaux, elles le rompent entre les points cardinaux et les éléments; en effet, le texte des *Song*, des *Yuan* et des *Ming* nous fournit des concordances qui, dans trois cas sur quatre, nous sont familières:

| Est—Bois | Sud—Feu | Ouest—Vent | Nord—Eau |
|---|---|---|---|

au contraire, le texte de l'édition de Corée n'est que confusion:

| Sud—Bois | Ouest—Feu | Nord—Vent | Est—Eau |
|---|---|---|---|

Il me paraît évident que les éditions des *Song*, des *Yuan* et des *Ming* représentent bien ici le texte primitif tandis que l'édition de Corée ne fait que souligner par ses corrections intempestives le désaccord qui se manifeste entre ce texte et la théorie Chinoise. Puisque le *Ta tsi king* nous montre le cycle des douze animaux mis en corrélation avec ces points cardinaux autrement qu'il ne l'est en Chine, nous avons là encore une preuve que la tradition recueillie par le *Ta tsi king* ne devait pas provenir de la Chine.

Considérons enfin les relations entre les points cardinaux et les éléments telles qu'elles sont exprimées dans les éditions des *Song*, des *Yuan* et des *Ming*. Au premier abord, il semble que les connexions entre l'Est et le bois, le Sud et le feu, le Nord et l'eau soient d'origine chinoise; cependant, là encore, l'accord est loin d'être parfait: d'une part, en effet, nous trouvons le vent associé à l'Ouest, or rien de pareil n'a jamais été soutenu en Chine [1]); d'autre part, tandis que la théorie Chinoise ajoute le centre aux quatre points cardinaux afin d'avoir cinq termes à associer aux *cinq* éléments, nous n'avons affaire ici qu'aux quatre points cardinaux et à *quatre* éléments. Le *Ta tsi king* suppose donc une forme de la théorie des éléments qui n'est pas la forme chinoise.

Cette forme ne paraît pas non plus être hindoue, puis qu'elle substitue le bois à la terre dans la liste des quatre éléments. N'étant ni chinoise, ni hindoue, il reste seulement qu'elle soit turque; et en effet, il semble bien que les peuples turcs aient connu dès une antiquité fort haute une théorie des quatre éléments; c'est ce que je sais essayer de montrer.

La théorie des cinq éléments n'a pas pris naissance en Chine. *Tseou Yen* 騶衍, qui vécut au temps du roi *Houei* (370—335 av. J.-C.) du pays de *Wei*, et du roi *Tchao* (311—279) du pays de

---

1) Le vent figure bien dans la théorie indienne des quatre éléments, ainsi que le feu et l'eau; mais le quatrième terme est alors la terre, et non le bois. Cf. *Lieou tou tsi king* (Trip. de Tôkyô, VI, 5, p. 89 v°): «La partie solide du fluide primitif a formé la terre; la partie molle a formé l'eau; la partie chaude a formé le feu; la partie mobile a formé le vent; quand ces quatre éléments se sont combinés, l'Ame intelligente est née» 元氣強者爲地。軟者爲水。煖者爲火。動者爲風。四事和焉識神生焉。

*Yen*, fut le premier à en parler dans les Royaumes du Milieu [1]); mais ses dissertations restèrent sans écho et ne pénétrèrent pas profondément l'esprit Chinois. La doctrine des éléments ne prend une place importante dans l'histoire de Chine qu'à partir de *Ts'in Che-houang-ti*; ce souverain en effet déclara qu'il régnait par la vertu de l'eau et détermina toutes les mesures et les lois d'après les caractéristiques de cet élément [2]). Cependant *Ts'in Che-houang-ti* ne fit en cela que suivre l'exemple de ses ancêtres, car il est évident que la théorie des éléments est supposée par les sacrifices fort anciens que les rois de *Ts'in* adressaient aux quatre empereurs d'en haut: l'empereur vert, l'empereur jaune, l'empereur rouge et l'empereur blanc [3]). Ainsi la théorie des éléments semble avoir existé dans le pays de *Ts'in* dès une époque reculée; mais, comme le pays de *Ts'in* était à l'origine un état barbare, les Royaumes du Milieu ignorèrent cette théorie jusqu'à ce que *Ts'eou Yen* la leur eût révélée et ils ne l'acceptèrent définitivement que lorsque la mainmise des princes de *Ts'in* sur tout l'empire eut imposé à la Chine entière les idées que les *Ts'in* devaient à leurs origines étrangères. Les Chinois ne l'adoptèrent d'ailleurs qu'en la modifiant; *Tseou Yen* en effet parle déjà de cinq éléments et, à partir de lui, on comptera toujours cinq éléments; mais la religion, qui conserve intactes les croyances de la haute antiquité, nous révèle que, dans le pays de *Ts'in*, on ne rendait un culte qu'à quatre empereurs d'en haut et que, par conséquent, il ne devait y avoir que quatre éléments; lorsque le Chinois *Lieou Pang*, fondateur de la dynastie *Han*, eut conquis le pays de *Ts'in*, il se trouva (205 av. J.-C.) en présence des cultes rendus aux quatre empereurs d'en haut par les

---

1) Cf. *Sseu-ma Ts'ien*, trad. fr., t. III, p. 328, lignes 1—4; p. 435, lignes 15—16; t. V, p. 258, n 8.

2) Cf. *Sseu-ma Ts'ien*, trad. fr., t. II, p. 129—130.

3) Cf. *Sseu-ma Ts'ien*, trad. fr., t. III, p. 446, n. 4.

princes de *Ts'in* et il exprima son étonnement en disant: «J'avais appris qu'il y avait au ciel cinq Empereurs; or en voici seulement quatre; comment cela se fait-il?» Personne n'en sachant l'explication, il ajouta: «Je la sais; c'est qu'ils m'attendaient pour être au nombre complet de cinq» [1]). Cette boutade du futur empereur *Kao-tsou* nous montre avec évidence la différence qui existait entre la théorie des *quatre* empereurs admise autrefois dans le pays de *Ts'in* et la théorie des *cinq* empereurs que les Chinois en avaient déduite; les empereurs d'en haut n'étant qu'un cas particulier du système des éléments, il est infiniment probable que le pays de *Ts'in* n'admettait que quatre éléments, tandis que les Chinois en introduisirent un cinquième. On remarquera maintenant que le texte du *Ta tsi king* relatif aux douze animaux distribue ces derniers aux quatre points cardinaux sans tenir compte du centre et ne suppose que quatre éléments, tout comme on l'eût fait dans le pays de *Ts'in* antérieurement à l'époque où les Chinois s'approprièrent la théorie des éléments en la modifiant. Or, à quel groupe ethnique appartenaient primitivement les princes de *Ts'in*? j'ai déjà eu l'occasion d'exposer les raisons qui me faisaient croire que la population du pays de *Ts'in* était principalement turque et on me permettra à ce propos de renvoyer le lecteur à mon étude sur le *Mou t'ien tseu tchouan* [2]). A mon avis, si le texte du *Ta tsi king* est d'accord avec l'ancienne théorie du pays de *Ts'in* qui n'admettait que quatre éléments, cela prouve que ce texte, comme cette théorie, sont d'inspiration turque, et non Chinoise. Tout concourt donc à démontrer que le *Ta tsi king* est un ouvrage où l'influence turque est très marquée; c'est sans doute cette influence qui y a introduit le cycle des douze animaux.

---

1) Cf. *Sseu-ma Ts'ien*, trad. fr., t. III, p. 449, lignes 14—19 et p. 328, lignes 19—21.
2) Voyez *Sseu-ma Ts'ien*, trad. fr., t. V, p. 480—489.

### III. Documents iconographiques.

Des représentations figurées du cycle des douze animaux nous ont été conservées soit par l'archéologie chinoise, soit par l'iconographie bouddhique. Pour commencer par les archéologues, les ouvrages auxquels nous empruntons des gravures sont les suivants:

1° Le *Siuan ho po kou t'ou lou* 宣和博古圖錄 qui paraît avoir été publié pour la première fois entre 1107 et 1111 [1]).

2° Le *Si ts'ing kou kien* 西清古鑑, œuvre d'une commission qui fut instituée par un décret de l'empereur *K'ien-long* en 1749.

3° Le *Kin che so* 金石索, publié avec une préface datée de l'année 1822 par les deux frères *Fong Yun-p'eng* 馮雲鵬 et *Fong Yun-yuan* 馮雲鵷.

### A. Miroirs.

#### 1.

La fig. I est tirée du *Si ts'ing kou kien*, chap. XL, p. 2.

漢海獸蒲萄鑑 «Miroir de l'époque des *Han* avec animaux marins et grappes de raisin». — Diamètre: 7 pouces; poids: 17 onces ½. — Les animaux marins, au nombre de cinq, occupent la zône la plus voisine du bouton central; dans une zône plus extérieure on aperçoit les douze animaux du cycle séparés les uns des autres par des grappes de raisin. C'est sans doute la présence de ces grappes de raisin dans ce miroir et dans les deux autres dont nous allons parler qui a engagé les auteurs du *Si ts'ing kou kien* à rapporter ces trois miroirs à l'époque des *Han*; mais il est évident que cette attribution reste hypothétique; si nous ne possédions pas des textes littéraires prouvant que le cycle des douze animaux était connu

---

1) Cf. Hirth, *Bausteine zu einer Geschichte der Chinesischen Literatur* (*T'oung pao*, 1896, p. 482, n. 1).

dès l'époque des *Han*, les miroirs du *Si ts'ing kou kien* ne suffiraient pas à nous en convaincre.

2.

La fig. II est tirée du *Si ts'ing kou kien*, chap. XL, p. 33.

漢 龍 鳳 蒲 萄 鑑 «Miroir de l'époque des *Han* avec dragons, phénix et grappes de raisin». — Diamètre: 5 pouces $^2/_{10}$; poids: 40 onces. — Le bouton central est formé par un animal sur la nature duquel les archéologues chinois ne s'expliquent pas. La première zône intérieure représente deux dragons et deux phénix. La zône extérieure renferme les douze animaux et des grappes de raisin. — Cette figure a déjà été reproduite par Friedrich Hirth (*Nachworte zur Inschrift des Tonjukuk*, p. 121).

3.

La fig. III est tirée du *Si ts'ing kou kien*, chap. XL, p. 34 r°. Miroir tout semblable au précédent; mais les animaux y sont fortement stylisés. — Diamètre: 5 pouces $^3/_{10}$; poids: 32 onces.

4.

La fig. IV est une similigravure représentant un miroir exposé au Musée Czernuschi. Il est évident que nous avons affaire ici, non à un original, mais à une reproduction plus ou moins moderne d'un modèle bien connu des archéologues Chinois, comme le prouvent les fig. IV[bis] et IV[ter].

La fig. IV[bis] est tirée du *Si ts'ing kou kien*, chap. XL, p. 34 r°.

La fig. IV[ter] est tirée du *Kin che so* (section des miroirs).

On remarquera que, tandis que les fig. IV et IV[bis] font se succéder les animaux dans l'ordre du cycle [2]), la fig. IV[ter] les repré-

---

1) Hirth a consacré une longue notice (non terminée) à cet ouvrage dans le *T'oung pao* de 1896, p. 431—507.

2) On retrouvera plus loin l'ordre du cycle dans les N<sup>os</sup> 7 (Fig. VII), 10, 12, 13 et 15.

sente dans l'ordre inverse; on a donc fabriqué des répliques de ce miroir qui n'étaient pas toutes identiques.

唐 十 二 辰 鑑 «Miroir de l'époque des *T'ang*, avec les douze *tch'en*». — Diamètre: 8 pouces $\frac{1}{10}$; poids: 112 onces. — Le dos est doré. — Dans la première zône, huit animaux marins 海 獸 se faisant face deux à deux. Dans la zône extérieure, le cycle des douze animaux qui paraît ici symboliser les douze heures doubles 辰 du nychthémère; d'où le nom de miroir des douze heures attribué à cet objet. Entre les deux zônes on remarque une inscription rimée qui est ainsi conçue:

1. 規 逾 璧 水。綵 艷 蘭 釭。
2. 銷 兵 漢 殿。照 瞻 秦 宮。
3. 龍 生 匣 裏。鳳 起 臺 中。
4. 桂 舒 全 白。蓮 開 半 紅。
5. 臨 莊 並 笑。對 月 分 空。
6. 式 固 貞 吉。君 子 攸 同。

«Sa rondeur est supérieure à celle de l'étang en forme d'anneau[1]); — ses couleurs variées sont plus belles que celle des lampes (à huile) d'orchidée[2]).

---

1) L'étang en forme d'anneau entourait le bâtiment appelé le *pi yong* 璧 癰.

2) L'expression 蘭 釭 demande des explications. Le dictionnaire de *K'ang-hi* indique que, d'après le dictionnaire *Kouang-yun* 廣 韻, le mot 釭 peut avoir le sens de «lampe» 鐙 et c'est dans cette acception que le poète *Sie T'iao* 謝 朓 (5e siècle ap. J.-C.) emploie ce terme quand il dit: «Je désire seulement placer les coupes de vin et les lampes (à huile) d'orchidée qui éclaireront dans la nuit» 但 願 置 樽 酒 蘭 釭 當 夜 明. Cependant les auteurs du dictionnaire de *K'ang-hi* font remarquer que cette valeur attribuée parfois au caractère 釭 par les poètes ne se justifie pas; le caractère 釭 désigne proprement la cheville de fer qui se trouve dans le moyen d'une roue de char; par extension, on a appliqué ce caractère aux chevilles dorées 金 釭 qu'on enfonçait à l'intérieur d'une chambre dans la bande de boiserie apparente appelée la ceinture du mur 壁 帶; il est vraisemblable que ces chevilles servaient à suspendre divers objets, et notamment les lampes avec lesquelles on éclairait la chambre; on comprend donc par quelle métonymie le mot désignant la cheville a pu en venir à désigner la

Il est comme le (miroir appelé) «qui dissipe la guerre» dans la salle impériale des *Han*, — comme (le miroir appelé) «qui éclaire le fiel» dans le palais des *Ts'in* [1]).

Le dragon naît dans l'étui (qui renferme le miroir); — le phénix se dresse du milieu du chevalet (qui le supporte).

La fleur du cannellier s'y épanouit toute blanche; — la fleur du lotus s'y ouvre à demi rouge.

Assistant à la parure (de la jeune femme), il rit en même temps qu'elle; — faisant face à la lune, il participe de son (disque) immaculé.

Il se montre, à l'épreuve, solide, ferme et portant bonheur; — le sage lui est comparable».

5.

La fig. V est tirée du *Si ts'ing kou kien*, chap. XL, p. 42 r°.

唐四神鑑 «Miroir de l'époque des *T'ang*, avec les quatre divinités». — Diamètre: 8 pouces; poids: 60 onces. — Dans la zône

---

lampe accrochée à cette cheville, mais il est clair que ce sens ne dérive en aucune manière de l'étymologie du mot et c'est pourquoi il est condamné par les puristes.

1) Le *Si king tsa ki* 西京雜記 est un ouvrage qu'on attribue communément à *Lieou Hin* 劉歆 (1er siècle av. et ap. J.-C.), mais dont le véritable auteur est *Wou Kiun* 吳均 (6e siècle ap. J.-C.); il nous renseigne sur le fameux miroir des *Ts'in*; énumérant les objets merveilleux que le fondateur de la dynastie *Han* trouva en 206 av. J.-C. dans le palais des empereurs *Ts'in* à *Hien-yang* 咸陽 il dit, en effet: «Il y avait un miroir rectangulaire large de quatre pieds, haut de cinq pieds et neuf pouces, qui était brillant à l'intérieur et à l'extérieur; quand un homme venait tout droit pour s'y mirer, son image apparaissait renversée; si quelqu'un venait en posant la main sur son cœur, il apercevait ses cinq viscères, tels que les intestins et l'estomac, placés à côté les uns des autres sans qu'aucun obstacle (les dissimulât); si un homme avait une maladie cachée à l'intérieur de son corps, il n'avait qu'à se mirer dans ce miroir en appliquant la main sur son cœur pour reconnaître le siège de sa maladie; en outre, quand une femme a des sentiments pervers, son fiel enfle et son cœur s'agite; *Ts'in Che houang ti* se servait donc constamment de ce miroir pour y faire mirer les femmes de son harem; celles dont le fiel enflait et dont le cœur s'agitait, il les tuait». — Tel était le miroir appelé «Qui éclaire le fiel». Quand au miroir appelé «Qui dissipe la guerre, j'en suppose l'existence à cause du parallélisme des deux phrases, mais je ne l'ai trouvé mentionné nulle part.

la plus rapprochée du bouton central, on voit les quatre divinités des quatre points cardinaux, à savoir: le dragon vert (Est), l'oiseau rouge (Sud), le tigre blanc (Ouest), le guerrier sombre figuré par une tortue autour de laquelle s'enroule un serpent (Nord); ces images sont très stylisées et paraissent être formées au moyen de minces bandes de métal soudées en relief sur le fond du miroir; on peut voir au Musée Czernuschi un miroir dont l'ornementation est faite par ce procédé. Dans la zône extérieure, les douze animaux séparés les uns des autres par un motif ornemental qui se retrouve dans un miroir de l'année 622; voyez plus loin, n° 9, planche IX. Entre les deux zônes, une inscription rimée qui est conçue comme suit:

1. 鎔 金 琢 玉。 圖 方 寫 圓。
2. 質 明 采 麗。 菱 淨 花 鮮。
3. 龍 盤 匣 裏。 鸞 舞 臺 前。
4. 對 影 分 喋。 看 粧 共 妍。

«Il est comme de l'or fondu dans un moule et comme du jade taillé; — les dessins y affectent la forme carrée, et l'inscription y a la forme ronde [1]).

La face en est brillante et l'ornementation en est élégante; — les fleurs de châtaignes d'eau y sont pures et fraîches [2]).

---

1) On remarquera en effet que les douze animaux sont disposés dans des sortes de cartouches quadrangulaires, tandis que l'inscription a la forme circulaire.

2) Dans la phrase 菱淨花鮮, les mots 菱花 semblent devoir être considérés comme formant un terme unique: les fleurs de la châtaigne d'eau. Ces fleurs étaient sans doute un motif très usité dans l'ornementation des miroirs. Dans le *Fei yen wai tchouan* 飛燕外傳 (attribué à *Ling Hiuan* 伶玄, de l'époque des *Han*; cf. Wylie, *Notes on Ch. Lit.*, p. 153), on lit que, lorsque *Tchao Fei-yen* eut été élevée au rang d'impératrice (en l'an 16 av. J.-C.), on lui fit présent, pour la féliciter, de trente-six (ou, suivant une autre leçon, de vingt-six) objets, parmi lesquels se trouvait un miroir à fleurs de châtaigne d'eau mesurant sept pieds 七尺菱花鏡一奩. — Le *Fei yen wai tchouan* fait partie du *Han wei ts'ong chou*; au lieu de la leçon 七尺 qui est celle du *P'ei wen yun fou*, la réimpression de 1791 du *Han wei ts'ong chou* présente la leçon 七世 qui paraît inintelligible.

Le dragon s'enroule dans l'étui (qui l'enferme); — le phénix *louan* gambade devant le chevalet (qui le supporte).

Il reflète l'image (de la jeune femme) et rit avec elle; — il voit sa toilette et participe de sa beauté».

6.

La fig. VI est tirée du *Si ts'ing kou kien*, chap. XL, p. 45.

La fig. VI[bis] est tirée du *Kin che so*.

Diamètre mesuré avec le pied des *Han*: 1 pied, 1 pouce ²/₁₀. — Comme le précédent, ce miroir, qui est de l'époque des *T'ang*, est appelé miroir des quatre divinités 四神鑑 parce qu'il présente les symboles des quatre points cardinaux dans la zône la plus centrale. Dans une zône plus extérieure sont les douze animaux entremêlés de grappes de raisin. Puis viennent les huit trigrammes séparés par des fleurs de bon augure dites marques précieuses 寶相花. Les animaux et les trigrammes tournent dans le sens inverse de celui dans lequel se meuvent les aiguilles d'une montre. Plus extérieurement encore, les mansions lunaires sont représentées; la figuration qui en est donnée dans le *Si ts'ing kou kien* est très fantaisiste; elle est au contraire fort exacte dans le *Kin che so*; si on se reporte à la planche VI[bis] qui est faite d'après ce dernier ouvrage, on pourra suivre aisément la série des mansions qui se succèdent en tournant dans le sens des aiguilles d'une montre, à partir de la mansion *kio* 角 formée de deux étoiles seulement et placée en bas et à gauche de notre planche (en face du trigramme composé d'une ligne supérieure continue et de deux lignes inférieures brisées); on remarquera que, dans cette représentation des mansions, on n'en discerne réellement que vingt-sept, car la constellation qui occupe le vingtième rang comprend à la fois les deux mansions *tsouei* et *ts'an*. La zône la plus extérieure est occupée par une

inscription rimée qui est écrite en caractères antiques; le *Kin che so*
la transcrit comme suit:

長 庚 之 英。白 虎 之 精。
陰 陽 相 資。山 川 效 靈。
憲 天 之 則。法 地 之 寧。
分 列 八 卦。順 考 五 行。
百 靈 無 以 逃 其 狀。萬 物 不 能 遁 其 形。
得 而 寶 之。福 祿 來 成。

«(Ce miroir) est l'essence de *Tch'ang-keng* [1]) — et la substance
du tigre blanc [2]).

Les principes *yin* et *yang* s'appuient sur lui; — les montagnes
et les cours d'eau déploient en lui leurs puissances surnaturelles.

En observant la régularité du Ciel — et en prenant pour norme
le calme de la Terre,

On a distribué (sur ce miroir) les huit trigrammes — et on s'y
est conformé, après examen, aux cinq éléments.

Que les cent puissances surnaturelles n'aient aucun moyen de
faire enfuir leur figure; — que les dix mille êtres ne puissent pas
cacher leur corps [3]).

Quand on possède (ce miroir) et qu'on le garde précieusement, —
le bonheur et les dignités viendront et se réaliseront».

------

1) La planète Vénus est appelée *K'i-ming* 啟 明 lorsqu'elle apparaît le matin devant
le soleil; elle est appelée *Tch'ang-keng* 長 庚 quand elle suit le soleil le soir; ces deux
dénominations correspondent exactement à celles de Lucifer et Hesperus que les Latins
donnaient à Vénus dans les deux mêmes positions. D'après la théorie des cinq éléments, la
planète Vénus préside au métal; c'est pour cette raison qu'un miroir métallique peut être
appelé «l'essence de *Tch'ang-keng*».

2) Le tigre blanc est la divinité qui préside à l'Ouest, et, par suite, au métal.

3) C'est-à-dire que ce miroir doit conférer à celui qui le possède le pouvoir de soumettre à ses désirs toutes les essences divines et les êtres de ce monde.

7.

La fig. VII est tirée du *Kin che so.*

唐二十八宿竟 «Miroir de l'époque des *T'ang* représentant les vingt-huit mansions». — Les dimensions de l'original comportent un diamètre de 1 pied, 3 pouces et 3 dixièmes mesurés avec le pied de l'époque *kien-tch'ou* (76—83 p. C.); le *Kin che so* donne une réduction qui mesure 8 pouces et 6 dixièmes de diamètre. — Autour du bouton central, on voit dans un premier cercle concentrique les quatre divinités 四神 des quatre points cardinaux. — Le second cercle concentrique contient les huit trigrammes. — Puis vient la série des douze animaux, et, dans un cercle extérieur à celui-ci, vingt-quatre caractères indéchiffrables qui paraissent correspondre deux par deux aux douze animaux. — Plus en-dehors encore, on voit les vingt-huit animaux correspondant aux vingt-huit mansions, et, dans un dernier cercle, l'indication des noms de ces animaux combinés, d'une part avec le soleil, la lune et les cinq planètes (ces dernières symbolisées par les cinq éléments), et, d'autre part, avec les vingt-huit mansions elles-mêmes; on remarquera que les douze animaux du cycle se retrouvent, distribués d'une manière régulière, dans la série des vingt-huit animaux symbolisant les mansions. Commençant la lecture de ce dernier cercle par la mansion *kio*, nous avons la série suivante: [1])

---

1) Cette liste a déjà été publiée par l'abbé Perny dans son *Dictionnaire* (vol. II, App., p. 107) et par Schlegel (*Uranographie*, p. 583—584). — Les animaux symbolisant les nakṣatras sont restés un motif usuel de décoration en Chine.

| | MANSIONS | | ASTRES | | ANIMAUX | |
|---|---|---|---|---|---|---|
| 1 | *Kio* | 角 | Jupiter | 木 | Dragon *kiao* | 蛟 |
| 2 | *K'ang* | 亢 | Vénus | 金 | **Dragon** | 龍 |
| 3 | *Ti* | 氐 | Saturne | 土 | Blaireau (?) | 貉 |
| 4 | *Fang* | 房 | Soleil | 日 | **Lièvre** | 兎 |
| 5 | *Sin* | 心 | Lune | 月 | Renard | 狐 |
| 6 | *Wei* | 尾 | Mars | 火 | **Tigre** | 虎 |
| 7 | *Ki* | 箕 | Mercure | 水 | Léopard | 豹 |
| 8 | *Teou* | 斗 | Jupiter | 木 | Unicorne | 獬 |
| 9 | *Nieou* | 牛 | Vénus | 金 | **Bœuf** | 牛 |
| 10 | *Niu* | 女 | Saturne | 土 | Chauve-souris | 蝠 |
| 11 | *Hiu* | 虛 | Soleil | 日 | **Rat** | 鼠 |
| 12 | *Wei* | 危 | Lune | 月 | Hirondelle | 燕 |
| 13 | *Che* | 室 | Mars | 火 | **Porc** | 猪 |
| 14 | *Pi* | 壁 | Mercure | 水 | Animal *yu* | 榆 (= 貐) |
| 15 | *K'ouei* | 奎 | Jupiter | 木 | Loup | 狼 |
| 16 | *Leou* | 婁 | Vénus | 金 | **Chien** | 狗 |
| 17 | *Wei* | 胃 | Saturne | 土 | Faisan | 雉 |
| 18 | *Mao* | 昴 | Soleil | 日 | **Coq** | 鷄 |
| 19 | *Pi* | 畢 | Lune | 月 | Corbeau | 烏 |
| 20 | *Tsouei* | 觜 | Mars | 火 | **Singe** | 猴 |
| 21 | *Chen* | 參 | Mercure | 水 | singe *yuan* | 猿 |
| 22 | *Tsing* | 井 | Jupiter | 木 | Chacal (?) | 犴 |
| 23 | *Kouei* | 鬼 | Vénus | 金 | **Chèvre** | 羊 |
| 24 | *Lieou* | 柳 | Saturne | 土 | Daim (?) | 獐 |
| 25 | *Sing* | 星 | Soleil | 日 | **Cheval** | 馬 |
| 26 | *Tchang* | 張 | Lune | 月 | Cerf | 鹿 |
| 27 | *Yi* | 翼 | Mars | 火 | **Serpent** | 蛇 |
| 28 | *Tchen* | 軫 | Mercure | 水 | Ver de terre | 蚓 |

 ED. CHAVANNES. 

8.

La fig. VIII est tirée du *Kin che so*.

唐出瑞圖鏡 «Miroir de l'époque des *T'ang*, avec tableau des présages de bon augure qui se manifestent». — Diamètre: 1 pied, 5 pouces ½, mesurés avec le pied des *Han*; poids: 12 livres. Un miroir fort semblable est reproduit dans le *Po kou t'ou* (chap. XXX, p. 8 v°) qui ne lui attribue cependant qu'un diamètre de 6 pouces et 5 dixièmes, et un poids de 2 livres et 3 onces. — La zône la plus rapprochée du centre représente deux tortues, et semble-t-il, deux serpents. La zône extérieure à celle-ci comprend douze présages de bon augure, chaque figuration étant accompagnée de deux ou trois mots qui en précisent la valeur; ces présages sont les suivants: 1. Le phénix mâle et le phénix femelle 鳳凰. 2. La céréale de bon augure 嘉禾, formée d'un épi unique pour deux tiges; «quand le souverain a une vertu parfaite, deux tiges ont un épanouissement commun» (*Song chou*, ch. XXIX, p. 1 r°) 王者德盛。則二苗共秀。 3. Le *ho chou lien* 合樹連, terme obscur accompagnant une image non moins énigmatique; les auteurs du *Kin che so* pensent qu'on a voulu reproduire ici des fruits de l'arbre *ho-houan* 合懽果; l'arbre *ho-houan* avait des branches qui se soudaient les unes aux autres. 4. Les oiseaux aux ailes accouplées 比翼: chaque oiseau n'a qu'une seule aile et ne peut voler qu'à la condition de s'accoler à un de ses congénères. «Les oiseaux aux ailes accouplées apparaissent lorsque le souverain a une vertu qui monte haut et qui s'étend au loin» (*Song chou*, chap. XXVIII, p. 12 r°) 比翼鳥王者及高遠則至。 5. Le bambou aux tiges coalescentes 連理竹. Le chap. XXVIII du *Song chou* cite d'assez nombreux cas de coalescences remarquées dans les arbres 木連理; *lien li* n'est pas le nom d'un arbre déterminé; c'est un mot désignant le phénomène de coalescence qui peut se produire dans plusieurs variétés d'arbres. 6. Le *cheng* d'or 金勝; le mot *cheng* paraît avoir ici le sens, indiqué dans le dictionnaire de *K'ang-hi*, d'«ornement de tête pour les femmes» 婦人首飾。 Un objet semblable se trouve reproduit dans les bas-reliefs du *Chan-tong* sur une des dalles représentant des objets merveilleux de bon augure (voy. ma *Sculpture sur pierre en Chine*, p. 38, lignes 3—7 et pl. VI[b]; mais comme cette planche, qui a été placée la tête en bas, est fort indistincte, on fera mieux de se reporter au dessin du *Kin che so*, à la fin des pages consacrées à ce groupe de bas-reliefs). Un pareil objet n'a rien en lui-même de miraculeux; mais, d'après les exemples cités dans le *Song chou* (chap. XXIX, p. 13 v°), on voit qu'il apparaît parfois d'une manière surnaturelle, car des gens du peuple trouvent ce joyau en broyant des céréales. 7. Les oiseaux sympathiques 同心鳥; deux oiseaux qui paraissent s'embrasser. 8. Le blé de bon augure 嘉麥; ici, comme dans le cas plus général de la céréale (cf. p. 108, l. 12—16), nous avons affaire à un épi produit simultanément par deux tiges. 9. La courge de bon augure 嘉瓜; dans le cas de la courge, le miracle provient, non de ce qu'il y a un fruit pour deux tiges, mais de ce qu'il y a plusieurs fruits pour une seule tige (*Song chou*, chap. XXIX, p. 4 v°). 10. Les poissons aux yeux accouplés 比目魚. Les deux poissons accolés n'ont chacun qu'un œil (cf. la *Sculpture sur pierre en Chine*, p. 36). 11. Les arbres coalescents 連理樹 (voyez plus haut, p. 108. l. 26—29). 12. Les disques réunis 合璧; on a voulu, semble-t-il, représenter deux disques joints l'un à l'autre; sur celui qui est entièrement visible, on a figuré le corbeau à trois pattes, emblème du soleil; peut-être l'autre disque est-il censé porter l'image du lièvre pharmacien, emblème de la lune.

La zône la plus extérieure est occupée par les douze animaux dont il y a une paire de chaque sorte. Entre les animaux sont répartis les mots d'une inscription ainsi conçue: 禽獸魚竹草樹合璧金勝並出瑞圖 «Tableau de l'apparition simultanée des gages de bon augure consistant en oiseaux, quadrupèdes, poissons, bambous, herbes, arbres, disques réunis, ornements de tête en or».

9.

La fig. IX est tirée du *Siuan-ho po kou t'ou lou*, chap. XIX, p. 15 r° et v°.

唐武德鑑 «Miroir de la période *wou-tö*, à l'époque des *T'ang*. — Diamètre: 9 pouces et 5 dixièmes; poids: 5 livres et 5 onces. — L'inscription qui se trouve sur ce miroir est ainsi conçue:

武德五年歲次壬午八月十五日甲子。揚州總管府造青銅鏡一面。充癸未元正朝貢。其銘曰。上元啟祚。靈鑑飛天。一登仁壽。于萬斯年。

«La cinquième année *wou-tö* (622), le rang de l'année étant *jen-wou*, le huitième mois, le quinzième jour qui était le jour *kia-tseu*, l'administrateur général du département de *Yang* a fabriqué un miroir de cuivre clair afin de s'acquitter du tribut offert à l'Empereur à l'occasion du premier de l'an de l'année *kouei-wei* (623). L'éloge en vers est ainsi conçu:

La primitivité suprême inaugure la prospérité; — le miroir surnaturel vole jusqu'au ciel.

Tous montent simultanément dans la région de bonté et de longévité [1]); — ah! que les années (de l'empereur) soient au nombre de dix mille».

---

1) C'est-à-dire la région où règne la bonté et où on vit longtemps, aucune calamité ne venant interrompre prématurément la destinée humaine. Cf. *Dix Inscriptions chinoises de l'Asie Centrale*, p. 84, n. 1.

Ce monument présente un réel intérêt parcequ'il est le seul de tous ceux du même genre qui soit daté avec certitude et précision. Klaproth, qui a été le premier en Europe à le signaler, ne connaissait pas d'exemple plus ancien du cycle des douze animaux en Chine [1]).

Nous avons déjà signalé l'analogie entre l'ornementation de ce miroir et celle du miroir n° 5 (fig. V). — Vu l'imperfection des planches dans tous les exemplaires du *Po kou t'ou lou* que nous avons à Paris, je n'ai pu faire reproduire que ce seul miroir entre tous ceux qui sont publiés dans ce recueil [2]); pour les autres, je me bornerai à une brève description.

10.

*Po kou t'ou*, chap. XXX, p. 14 v°.

唐八卦鐵鑑 «Miroir en fer de l'époque des *T'ang*, avec les huit trigrammes». — Diamètre: 8 pouces; poids: 3 livres et 6 onces. — Autour du bouton central, les quatre emblèmes des quatre points cardinaux; puis, les huit trigrammes; puis, les douze animaux tournant dans le sens de l'énumération du cycle; enfin une inscription partiellement effacée qui paraît identique à l'inscription indéchiffrable que nous avons remarquée sur le miroir n° 7 (fig. VII).

11.

*Po kou t'ou*, chap. XXX, p. 19 r°.

Même titre que le précédent. — Diamètre: 7 pouces et 2 dixièmes;

---

1) Klaproth a donné cette indication dans une note à la traduction française de l'article de Ideler, *Sur la chronologie de Khatá et d'Igoúr* (Journ. Asiatique, Avril 1835, p. 311).

2) Je n'ai même pas pu faire reproduire cette planche d'après mon exemplaire qui est par trop mauvais, et j'ai dû recourir à l'exemplaire du Musée Guimet; je remercie la Direction de ce Musée d'avoir bien voulu me prêter cet ouvrage. D'après Hirth, la Bibliothèque Royale de Berlin possède un exemplaire de la seconde édition (1808—1812) du *Po kou t'ou lou*; les figures y sont infiniment meilleures que dans toutes les éditions subséquentes (*T'oung pao*, 1896, p. 483, à la fin de la note).

poids: 2 livres et 11 onces. — Disposition analogue à celle du miroir précédent; mais la zône la plus extérieure contient les noms des 28 mansions. Les animaux tournent en sens inverse de l'énumération du cycle.

### 12.

*Po kou t'ou*, chap. XXX, p. 15 v°.

唐十二辰鐵鑑 «Miroir en fer de l'époque des *T'ang*, avec les douze *tch'en*». — Diamètre: 7 pouces et 9 dixièmes; Poids: 3 livres et 12 onces. — Symboles des quatre points cardinaux; huit trigrammes; douze animaux tournant dans le sens de l'énumération du cycle; inscription en 22 caractères indéchiffrables comme sur les n^os 7 et 10.

### 13.

*Po kou t'ou*, chap. XXX, p. 16 r°.

唐日月鐵鑑 «Miroir en fer de l'époque des *T'ang*, avec le soleil et la lune». — Diamètre: 5 pouces et 8 dixièmes; Poids: 11 onces. — Quatre zônes concentriques carrées: Symboles des quatre points cardinaux; huit trigrammes; douze animaux avec caractères du cycle duodénaire disposées dans l'ordre de l'énumération du cycle; vingt-huit mansions figurées par des groupes d'étoiles comme sur le n° 6; chaque mansion est accompagnée du caractère exprimant son nom. Dans les quatre segments de cercle compris entre la dernière zône carrée et la circonférence, on voit à gauche le soleil, à droite la lune, en bas la Grand-Ourse; en haut, la gravure est trop indistincte pour que je puisse discerner quelles constellations sont représentées. Il est regrettable que le mauvais état des planches du *Po kou t'ou* ne permette pas de reproduire ce miroir qui est un des plus intéressants.

14.

*Po kou t'ou*, chap. XXX, p. 17 v°.

唐四靈八卦鐵鑑 «Miroir de fer de l'époque des *T'ang*, avec les quatre divinités et les huit trigrammes». — Diamètre: 7 pouces et 2 dixièmes; Poids: 3 livres. — Symboles des quatre points cardinaux; huit trigrammes; douze animaux tournant en sens inverse de l'énumération du cycle. Aucune inscription.

15.

*Po kou t'ou*, chap. XXVIII, p. 40 r°.

唐瑩質鑑 «Miroir de l'époque des *T'ang*, à la matière limpide». — Diamètre: 7 pouces et 8 dixièmes; Poids: 3 livres et 7 onces. — Zône intérieure: Symboles des quatre points cardinaux. Zône extérieure: Les douze animaux tournant dans le sens de l'énumération du cycle. Entre les deux zônes, une inscription ainsi conçue:

1. 錬 形 神 冶。瑩 質 良 工。

2. 如 珠 出 匣。似 月 停 空。

3. 當 眉 寫 翠。對 臉 傳 紅。

4. 光 含 晉 殿。影 照 秦 宮。

5. 鐫 書 玉 篆。永 鏤 清 銅。

«Forme épurée au feu, fonte divine, — matière limpide, facture excellente,

(Ce miroir) est comme la perle qui sort de son écrin; — il ressemble à la lune stationnant dans l'espace.

En face des sourcils (de la femme qui s'y mire), il en retrace les fraîches couleurs; — vis-à-vis de son visage, il en transporte la rougeur.

Son éclat porte en lui (celui qu'avait autrefois le miroir de la)

salle princière de *Tsin*; — son reflet illuminerait (le miroir du) palais de *Ts'in* [1]).

On y a inscrit des caractères antiques beaux comme le jade — qui sont incisés pour l'éternité dans le cuivre pur».

## B. — Amulettes.

A côté des miroirs, il faut signaler les amulettes qui présentent très fréquemment la série des douze animaux. Nous nous bornerons à reproduire ici une seule d'entre elles: [2])

## Fig. X.

*Kin che so* (Section des Monnaies, p. 64 r°).

Avers: La divinité présidant à la vie d'un homme est assise; un jeune garçon lui apporte un objet indistinct. Le pin, la grue et la tortue sont des emblèmes de longévité.

Revers: Les douze animaux dans douze médaillons.

## C. — Iconographie bouddhique.

Je dois à l'obligeance de M. Sylvain Lévi la communication de deux éditions différentes d'un ouvrage japonais qui, dans la première édition datée de 1690 [3]), est intitulé *Fo chen ling siang t'ou houei* 佛神靈像圖彙, tandisque, dans l'autre édition, datée de l'année 1886, le titre devient *Ming tche ts'eng pou tchou tsong fo siang t'ou houei* 明治增補諸宗佛像圖彙. C'est dans

---

1) Cf. p. 102, n. 1.

2) Voyez une amulette du même genre dans Bayer, *De horis sinicis*, p. 16, — Hager, *Médailles chinoises*, p. 86, 87, — Endlicher, *Verzeichniss der Chinesischen und Japanischen Münzen...*, p. 91, n° CXXXII.

3) La postface datée de 1690 nous apprend que l'auteur de cet ouvrage est un japonais nommé *Gi-san* 義山: l'exemplaire de M. Sylvain Lévi est une réimpression faite en 1752 de l'édition de 1690.

cette dernière édition seule que se trouvent les deux séries de gravures reproduites ici (planches XI—XVIII).

Les planches XI—XII nous montrent le syncrétisme moderne
s'ingéniant à mettre les douze animaux en corrélation avec les huit
trigrammes d'une part et avec huit divinités bouddhiques de l'autre;
les années et les jours correspondants sont indiqués à gauche et à
droite de chaque divinité. Nous obtenons ainsi le tableau suivant:

| DIVINITÉS | TRIGRAMMES | CARACTÉRISTIQUE DES TRIGRAMMES | ANIMAUX | CARACTÈRES CYCLIQUES | JOURS DU MOIS |
|---|---|---|---|---|---|
| 千手 <br> Avalokiteçvara | 坎 <br> *k'an* | trait central continu | rat | 子 <br> *tseu* | 7e |
| 虛空藏 <br> Akâçagarbha | 艮 <br> *ken* | trait supérieur continu | bœuf <br> tigre | 丑 寅 <br> *tch'eou yin* | 13e |
| 文殊 <br> Mañjuçrî | 震 <br> *tchen* | trait central brisé | lièvre | 卯 <br> *mao* | 25e |
| 普賢 <br> Samantabhadra | 巽 <br> *souen* | trait inférieur brisé | dragon <br> serpent | 辰 巳 <br> *tch'en sseu* | 24e |
| 勢至 <br> Mahâsthâmaprapta | 離 <br> *li* | trait central brisé | cheval | 午 <br> *wou* | 23e |
| 大日 <br> Vairočana | 坤 <br> *k'ouen* | tous les traits brisés | chèvre <br> singe | 未 申 <br> *wei chen* | 8e |
| 不動 <br> Akṣobhya | 兌 <br> *touei* | trait supérieur brisé | coq | 酉 <br> *yeou* | 28e |
| 阿彌陀 <br> Amitâbha | 乾 <br> *k'ien* | tous les traits continus | chien <br> porc | 戌 亥 <br> *siu hai* | 15e |

Les planches XIII—XVIII représentent une série de trente-six
divinités ayant chacune un animal pour symbole. Les douze animaux
du cycle sont répartis dans cette série suivant un ordre régulier,

comme on peut le voir en parcourant la liste ci-dessous: 1. **rat** (Nord); — 2. (?) ; — 3. **bœuf**; — 4. crabe; — 5. tortue; — 6. chat sauvage; — 7. léopard; — 8. **tigre**; — 9. renard; — 10. **lièvre** (Est); — 11. blaireau (?); — 12. **dragon**; — 13. requin; — 14. poisson; — 15. huître; — 16. méduse; — 17. **serpent**; — 18. cerf; — 19. **cheval**; — 20. *ts'ou* (?); — 21. **chèvre**; — 22. oie sauvage; — 23. faucon; — 24. (?) ; — 25. singe *yuan*; — 26. **singe** *heou*; — 27. corbeau; — 28. **coq** (Ouest); — 29. faisan; — 30. **chien**; — 31. loup; — 32. autre sorte de loup; — 33. *t'ong* (?) ; — 34. animal *yu*; — 35. **porc**; — 36. hirondelle.

Si on compare cette liste avec celle des vingt-huit animaux correspondant aux mansions lunaires (cf. p. 107), on constate qu'elle reproduit cette dernière dans l'ordre inverti, en se bornant à y ajouter huit termes nouveaux qui sont insérés de la manière suivante: les n⁰ˢ 4, 5, 6 de la série de 36 correspondent au n° 8 de la série de 28; de même, les n⁰ˢ 14, 15, 16 correspondent au n° 28; les n⁰ˢ 22, 23, 24 correspondent au n° 22; les n⁰ˢ 32, 33, 34 correspondent au n° 14. Il est manifeste que la liste de 36 n'est qu'un développement artificiel de la série de 23 qui elle-même est issue de la série de 12, laquelle est seule primitive. Le processus par lequel les 36 animaux se sont substitués aux 12 animaux primitifs est fort analogue à celui par lequel, dans l'astrologie grecque, les 36 décans se substituèrent aux 12 signes du zodiaque [1]).

---

1) Cf. Bouché-Leclercq, *L'astrologie grecque*, p. 215 et suiv.

# CONCLUSION.

De l'examen des textes que nous avons passés en revue, nous avons déduit, d'une part, que le cycle des douze animaux fut connu en Chine au moins dès le premier siècle de notre ère, et, d'autre part, qu'il y apparaît comme un article d'importation venu des pays occupés par des peuples turcs. La question qui se pose à nous maintenant est de savoir si les Turcs furent les inventeurs de ce cycle ou s'ils ne firent que le transmettre.

Si ce cycle n'est pas d'origine turque, il ne pourrait guère avoir pris naissance qu'en Inde, en Egypte ou en Chaldée. Examinons successivement la valeur de ces trois hypothèses.

La littérature et l'art de l'Inde semblent ignorer le cycle des douze animaux [1]). La théorie de l'origine indienne ne peut donc être défendue qu'indirectement; le seul argument par lequel on pourrait la soutenir consisterait à faire dériver les douze animaux des vingt-huit animaux représentant les nakṣatras; à supposer que la théorie des nakṣatras ait été apportée de l'Inde en Chine, les vingt-huit et, par suite, les douze animaux proviendraient donc aussi de l'Inde. Mais ce raisonnement ne résiste pas à la critique; en effet, l'étude des miroirs nous a révélé que, lorsque les animaux sont en corrélation avec les nakṣatras, ils sont énumérés dans l'ordre inverse de celui qu'ils occupent lorsqu'ils servent à la numération des années [2]); on ne comprendrait pas la raison de cette interversion si le cycle

---

1) Dans un travail de M. Erard Mollien intitulé *Recherches sur le zodiaque indien* (*Mémoires présentés par divers savants à l'Acad. des Inscr. et B. L.*, 1re série, t. III, 1853, p. 240—276), un dessin reproduit un zodiaque d'une pagode çivaïte bâtie sur un rocher dans le Fort de Trichinopoly; M. Boll (*Sphaera*, p. 343—346) y a signalé une série de onze animaux dont dix se retrouvent soit dans le cycle de l'Asie Orientale, soit dans le cycle égyptien que nous étudierons plus loin. Mais on ne peut tirer aucune inférence de ce monument qui paraît dater de l'époque où les Mongols régnaient en Inde et qui peut devoir aux Mongols la connaissance, d'ailleurs imparfaite, du cycle des animaux.

2) Cf. p. 107.

des douze animaux avait été dérivé, par voie de simplification, de la liste des vingt-huit animaux symbolisant les nakṣatras. Si, au contraire, le cycle des douze animaux est primitif, il a eu sans doute pour première fonction de désigner les douze heures doubles du nychthémère et il a donc dû être disposé suivant un ordre déterminé par le mouvement diurne du soleil; c'est dans cet ordre qu'il a été employé pour la numération des années et qu'il est parvenu jusqu'à nous; mais, quand on développa la liste des animaux de manière à l'appliquer aux nakṣatras, on fut obligé, non seulement d'augmenter le nombre des animaux de 12 à 28, mais encore de renverser leur ordre de succession parce que la lune parcourt les constellations d'Occident en Orient, tandisque le mouvement diurne du soleil se fait d'Orient en Occident. Ainsi, le cycle des douze animaux existait antérieurement à toute application à la théorie des nakṣatras, et la prétendue origine indienne des nakṣatras ne prouve rien quant à l'origine de ce cycle.

L'origine égyptienne du cycle a eu pour premier défenseur M. Joseph Halévy qui considérait les douze animaux comme d'anciennes divinités animales de l'Egypte choisies par les chrétiens pour être les symboles des douze apôtres [1]). Exposée dans ces termes,

---

1) *De l'introduction du christianisme en Haute-Asie* (Revue de l'histoire des religions, t. XXII, 1890, p. 289—301). — La thèse de M. Halévy peut être résumée dans les citations suivantes: «Les anciennes divinités animales de l'Egypte sont devenues les symboles des apôtres et des martyrs et ont été proposées par des missionnaires à l'adoration des fidèles. Qu'y aurait-il d'étonnant à ce que les missionnaires coptes, établis dans les premiers siècles de l'ère chrétienne au milieu de tribus turques avec l'intention de les convertir, aient communiqué à leurs néophytes douze noms d'animaux comme représentant les douze apôtres de la religion chrétienne? L'application faite de ces noms aux années du cycle était un moyen aussi simple qu'efficace pour implanter leurs idées symboliques dans le cœur du peuple qu'ils voulaient attirer à leur religion». «L'introduction des noms d'animaux pour les années du cycle turc est d'origine chrétienne et notamment d'origine alexandro-égyptienne». Les preuves que M. Halévy apporte à l'appui de son assertion sont au nombre de deux: en premier lieu, la présence du lièvre, du singe et du coq semble trahir une origine occidentale; en second lieu, les noms de ces trois animaux en turc paraissent être empruntés, soit au syriaque, soit au copte, ce qui s'expliquerait par le fait que le christia-

cette hypothèse n'est plus admissible aujourd'hui; en démontrant que ce cycle était parvenu en Chine dès le milieu du premier siècle de notre ère, nous avons en effet éliminé toute possibilité d'explication par le symbolisme chrétien. Mais, si nous faisons abstraction du christianisme qui n'est point ici à sa place, la thèse de l'origine égyptienne pourrait être reprise avec quelque apparence de raison si on s'appuyait sur les faits nouveaux mis en lumière par M. Franz Boll dans son remarquable livre intitulé *Sphaera* [1]). Voici ces faits:

Dans un texte grec de Teukros le Babylonien, auteur qui ne pouvait écrire plus tard que le premier siècle de notre ère, on relève une liste de douze animaux constituant ce qu'on appelle la dodécaoros (ή δωδεκάωρος), c'est-à-dire la série des douze heures doubles du nychthémère. Cette liste est la suivante: [2])

---

nisme aurait été propagé chez les tribus turques de l'Asie Centrale par une association de moines égyptiens et de moines syriens; «Ainsi les noms du coq ou de la poule, qu'on trouve sous les variantes suivantes: tagaku (inscriptions du Sémiretchie), taguk (Biruni), dakuk (Ulug-bek), rappellent, à ne pas s'y tromper, l'arabe *degaga, degagat*, «coq, poule», correspondant à la forme talmudique et syriaque zagta. La même origine syrienne paraît aussi devoir être attribué au nom du lièvre qui se présente sous les formes tapishkan (inscription), tafshkhan (Biruni), tawshkan (Ulug-bek). Si l'on retire la syllabe *kan*, qui est un suffixe de dérivation, il reste l'élément tafsh, qui se superpose presque au nom araméen du lapin tafza: ......Mais le nom le plus curieux est celui du singe, qui s'écrit petshin (inscription), bidjin (Biruni) et pitshin (Ulug-bek). Comme ce nom n'a aucune étymologie satisfaisante dans les langues turques, il nous conduit pour ainsi dire forcément à la chercher dans une langue occidentale; et en effet on ne tarde pas à le retrouver presque sans aucun changement dans le nom copte du singe *pi-en*, ou plutôt *pi-e-jen*, dont le j, primitivement un i consonne, est prononcé dj ou tsh. Ce qui est plus remarquable encore c'est que le pi initial, constituant l'article copte, donne à ce mot un cachet égyptien manifeste».

1) Publié en 1903, chez B. G. Teubner.
2) Cf. Boll, *Sphaera*, p. 17—21 et p. 295.

| | | | | |
|---|---|---|---|---|
| 1. le chat ($\delta$ $\alpha\tilde{i}\lambda o \nu \rho o \varsigma$) | | | 7. le bouc ($\delta$ $\tau\rho\acute{\alpha}\gamma o \varsigma$) | |
| 2. le chien ($\delta$ $\varkappa\acute{\nu}\omega\nu$) | | | 8. le taureau ($\delta$ $\tau\alpha\tilde{\nu}\rho o \varsigma$) | |
| 3. le serpent ($\delta$ $\check{o}\varphi\iota\varsigma$) | | | 9. l'épervier ($\delta$ $\iota\acute{\epsilon}\rho\alpha\xi$) | |
| 4. le scarabée ($\delta$ $\varkappa\acute{\alpha}\nu\vartheta\alpha\rho o \varsigma$) | | | 10. le singe ($\delta$ $\varkappa\nu\nu o \varkappa\acute{\epsilon}\varphi\alpha\lambda o \varsigma$) | |
| 5. l'âne ($\delta$ $\check{o}\nu o \varsigma$) | | | 11. l'ibis ($\dot{\eta}$ $\check{\iota}\beta\iota\varsigma$) | |
| 6. le lion ($\delta$ $\lambda\acute{\epsilon}\omega\nu$) | | | 12. le crocodile ($\delta$ $\varkappa\rho o \varkappa\acute{o}\delta\epsilon\iota\lambda o \varsigma$). | |

Dans un manuscrit du Vatican, on retrouve une liste fort analogue où les douze animaux sont mis en relation avec douze pays: [1]

| 1. Perse | chat | 7. Libye | bouc |
|---|---|---|---|
| 2. Babylone | chien | 8. Italie | taureau |
| 3. Cappadoce | serpent | 9. Crète | épervier |
| 4. Arménie | scarabée | 10. Syrie | singe ($\pi\acute{\iota}\vartheta\eta\varkappa o \varsigma$) |
| 5. Asie | âne | 11. Egypte | ibis |
| 6. Ionie | lion | 12. Inde | crocodile |

M. Boll a pu reconnaître sept des animaux de ce cycle, disposés dans l'ordre même où les énumèrent ces deux textes, sur les fragments du monument conservé au Musée du Louvre et connu sous le nom de planisphère de Bianchini [2]); ce monument, exhumé en 1705 sur l'Aventin, présente un compromis entre les idées grecques et les idées égyptiennes; d'après Fröhner, il ne saurait être antérieur au deuxième siècle de notre ère [3]).

Enfin, comme pour confirmer d'une manière éclatante le rapprochement entre le texte de Teukros et le planisphère de Bianchini, un petit monument égyptien, de travail romain, qui a été estampé par M. Daressy, nous apporte la figuration complète des douze ani-

---

1) Cf. Boll, *Sphaera*, p. 296. — On sait que les Chinois ont pratiqué eux aussi depuis fort longtemps la géographie astrologique par laquelle les diverses régions sont mises en corrélation avec des constellations (cf. *Sseu-ma Ts'ien*, trad. fr., t. III, p. 384, lignes 21—28).

2) Voyez la planche V dans *Sphaera* de Boll.

3) Fröhner, *Notice de la sculpture antique du Musée du Louvre*, 2e éd., 1er vol., p. 15—23.

maux tels qu'ils sont énumérés par Teukros et tels qu'ils sont partiellement conservés sur les fragments du planisphère [1]).

La liste d'animaux que nous avons ici paraît au premier abord d'origine purement égyptienne: le scarabée, l'ibis, le crocodile ont leur patrie dans la vallée du Nil; bien plus, il serait aisé de montrer que ces douze animaux ont tous un caractère sacré aux yeux des Egyptiens [2]). Faut-il donc admettre que les Egyptiens sont les inventeurs de ce cycle? M. Boll a discuté ce problème et il a conclu par la négative: en effet, d'une part, la liste des douze animaux n'apparaît en Egypte qu'à une fort basse époque et n'a point de racines dans l'ancienne civilisation égyptienne; d'autre part, elle est intimément liée à la théorie des douze heures du nychthémère, théorie qui est étrangère à l'Egypte. M. Boll est ainsi amené à formuler une nouvelle hypothèse qui est celle de l'origine chaldéenne [3]): les douze animaux seraient des symboles d'étoiles imaginés à Babylone et désignant les douze divisions de l'équateur, puis les heures doubles (les kasbus des inscriptions cunéiformes), les jours, les mois et les années; ce cycle aurait été transporté dans l'astrologie égyptienne où il aurait été altéré pour être mis en accord avec les vieilles traditions religieuses relatives aux dieux à forme animale; dans une direction toute opposée, ce cycle aurait émigré de Babylone pour aller, sous une forme plus primitive, dans l'Asie Orientale où nous le trouvons encore aujourd'hui en usage.

Il est certain que, entre le cycle égyptien et le cycle de l'Asie Orientale, il faut admettre un moyen terme qui les mette en contact; mais il ne me paraît pas nécessaire de recourir à la Chaldée pour chercher l'anneau manquant de la chaîne. Qui dit «civilisation chaldéenne» suppose une antiquité fort éloignée; doit-on remonter

---


1) Voyez la planche VI dans *Sphaera* de Boll.

2) Boll, *Sphaera*, p. 321—323.

3) Boll, *Sphaera*, p. 341.

si haut pour expliquer des monuments et des textes dont aucun, tant en Egypte que dans l'Asie Orientale, ne paraît être sensiblement antérieur à l'ère chrétienne? En outre, n'est-il pas trop hardi de prétendre que les Chaldéens ont connu le cycle des douze animaux, alors que jusqu'ici leur littérature ne nous a rien révélé de semblable?

Pour ma part, puisqu'il faut bien, dans l'état actuel de la science, nous résigner à adopter une hypothèse, je serais porté à croire que les véritables inventeurs du cycle des douze animaux sont les peuples Turcs; ce sont les Turcs qui ont révélé ce cycle aux Chinois au commencement de l'ère chrétienne et qui ont été les premiers à en faire usage pour la numération des années comme le prouvent les inscriptions de l'Orkhon; c'est de chez eux que, à l'époque où l'Egypte était devenue province romaine, il a pu être importé dans la vallée du Nil où on le modifia profondément pour l'accommoder à des théories préexistantes sur les animaux sacrés. Mais, dira-t-on, le singe est un animal qui ne se trouve pas dans les pays occupés par les Turcs; ceux-ci n'ont donc pas pu dresser une liste d'animaux où figure le singe. A cette objection je répondrai que, dans le premier siècle de l'ère chrétienne, le roi turc Kaniṣka dominait sur le Gandhâra et le Cachemire où vivent les semnopithèques; il est d'ailleurs fort probable que, antérieurement aux princes dits Indoscythes, d'autres souverains turcs ont pu étendre leur domination jusque dans ces mêmes régions. Rien ne me paraît donc s'opposer à ce que les Turcs aient imaginé le cycle des douze animaux; c'est à eux que, jusqu'à plus ample informé, je crois qu'il convient d'attribuer cette invention.

Fig. I.

Fig. II.

Fig. III.

Fig. IV.

Fig. IV bis.

Fig. IV ter.

Fig. V.

Fig. VI.

Fig. VI bis.

Fig. VII.

Fig. VIII.

Fig. IX.

Fig. X.

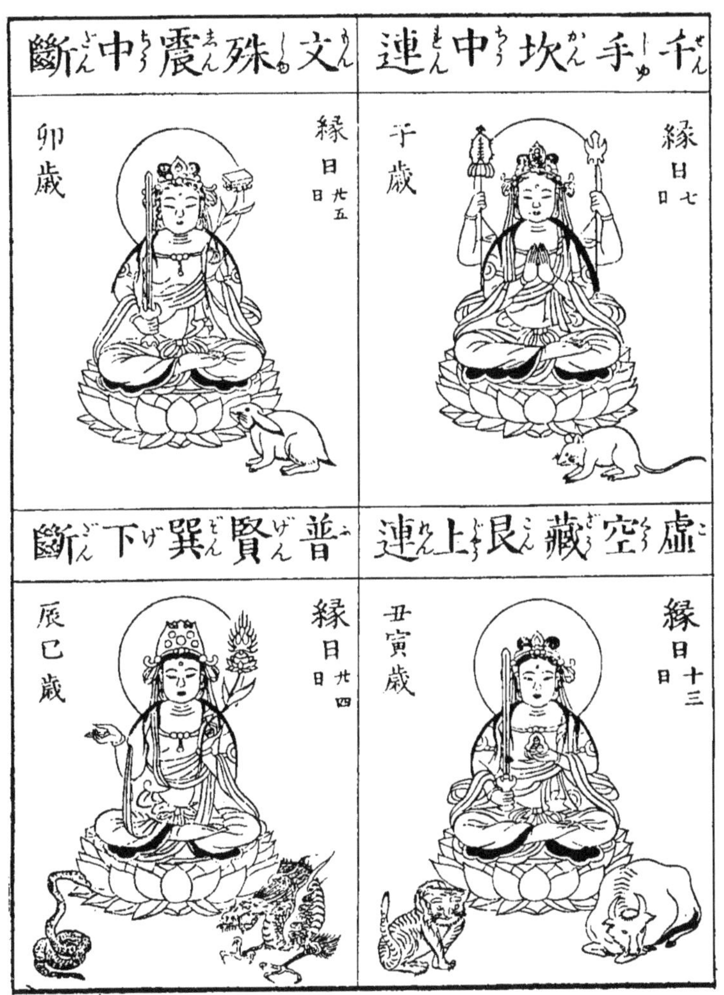

Fig. XI.

Fig. XII.

Fig. XIII.

Fig. XIV.

Fig. XV.

Fig. XVI.

Fig. XVII.

Fig. XVIII.

9 782016 176511